WAC BUNKO

戦艦大和の真実

日下公人
三野正洋

WAC

プロローグ　戦艦「大和」の誕生、そして……

我国の現代史の中に、ときおり幻のごとくその名が見え隠れする一隻の巨大な軍艦、それが戦艦「大和」である。

二〇世紀前半は、まさに「海を征する者は世界を制す」時代であった。海戦の主役は、数万トンの船体に多数の大砲を装備し、さらに分厚い装甲をまとった戦艦であり、これを複数保有する国がいわゆる〈列強〉と呼ばれた。

国際軍縮条約として海軍の主力艦の保有トン数を決めたワシントン条約、同じく補助艦の保有数を決めたロンドン条約、これらが一九三六年（昭和十一年）に失効した後、新しい条約が列強のあいだで結ばれる見込みはなかった。これを予期した各国は、それまでの軍縮条約に縛られない強力戦艦の建造を計画し、ドイツはビスマルク級、イギリスはキング・ジョージ五世級、イタリアはリットリオ級、そしてアメリカはノースカロライナ級やサウスダコタ級の戦艦を建造しようとしていた。

日本は、太平洋をはさんで対峙するアメリカに対し優位に立てる「大戦艦」を構想し、無敵戦艦の建造に乗り出した。その結果誕生したのが、大日本帝国海軍期待の「大和」とその姉妹艦「武蔵」である。

正確な数字は残されていないが、「大和」建造のための工数は概数で四〇〇万と言われている。つまり四〇〇人の労働者が一万時間、あるいは一万人が四〇〇時間、働いてやっと完成に至る。この数字は建造に直接かかわった人と時間による掛け算であり、設計部門や搭載する機器の開発、製造などは含まれていない。これらも合わせれば、六〇〇万工数といったところか。

建造予定によると起工は昭和十二年十一月四日で、引き渡し（就役）は十七年六月十五日とされていた。ところが、実際には半年も早い十六年十二月十六日に完成に至っている。まさに「大和」は、明治以来営々と築き上げてきた我国の工業技術の集大成であるとともに、日本海軍の命運を背負うべく遮二無二進められたビッグプロジェクトであった。

基準排水量六万八〇〇〇トン、全長二六三メートル、全幅三九メートル、船底からマストの最上部までは優に三〇メートルもあり、煙突の基部の面積は一〇〇平方メートルに及ぶ。三基の砲塔に、合わせて九門取り付けられた十八インチの巨砲、そして最大出力十五万馬力の巨大なエンジン。どれをとっても、これまで造られてきた軍艦とは段違いのスケールである。

存在理由となっている主砲の口径は、それまでの最大十六インチ砲をはるかに凌ぐ十八インチ（四六センチ）であった。この十八インチ砲三門を装備した砲塔の重量は、なんと三〇〇〇トン、これ一基だけをとっても当時の駆逐艦、現代の自衛艦に匹敵する重さとなる。この大砲がいったん火を吹けば、重さ一・五トンの砲弾を四〇キロ先まで飛ばすことができた。

多くの燃焼器とボイラーによって作られた高温・高圧の蒸気は、タービンに送られて十五万馬力の出力を発揮し、満載時七万三〇〇〇トンにもなる巨体に、二七ノット（時速五〇キロ）の速力を与える。

昭和十六年十二月十六日、戦艦「大和」は大軍艦旗をはためかせて就役するが、これは太平洋戦争の開戦からわずか一週間後のことであった。そして半年後には大和級の二番艦「武蔵」も出動可能となった。日本海軍はこの二隻によって、制海権の獲得に絶対の自信を持ったことだろう。

しかしながら、史上最大の戦艦の誕生を待っていたかのように、海戦の主役は確実に変わりつつあった。急激に発達しはじめた航空機と、動く基地である航空母艦が、闘いの鍵を握ることになったのである。

戦艦から見ると蚊・トンボに等しかった空母艦載機が、急激に発達したもうひとつの兵器である潜水艦と共にいつの間にかあらゆる水上戦闘艦にとって大きな脅威となった。それまでの半世紀、海上の王者として君臨してきた戦艦は——膨大な建造費をつぎ込み多くの先端技術を採用したにもかかわらず——脇役にまわらざるを得なくなってしまった。

強力な主砲も、幾重にも考えられた防御システムも、群がり押し寄せてくる航空機の前では為す術を知らず、二隻の巨大戦艦が活躍する舞台はなかった。特に空母機動部隊が実質的に壊滅していた昭和十九年の秋以降、凋落した日本海軍にあって孤立状態とならざるを得なかった。

そしてフィリピン沖海戦で、まず「武蔵」が沈んだ。海中に没するまでに魚雷二〇本、爆弾一〇発の命中という打撃に耐えていたが、結局持ちこたえることはできなかった。

軍艦として最高の防御力を持っていても、無数の航空機の前には敗北せざるを得ない事実を証明したのであった。

その半年後、「大和」もまた同じ運命を辿る。沖縄の占領を目的に膨大な戦力をもって来襲したアメリカ軍に一矢を報いようと、「菊水作戦」の沖縄突入において、「大和」は九隻の護衛艦を従え、絶望的な闘いに出かけていく。その結果は多くの人々の予想どおり、歴史の変革を再び証明しただけにとどまった。

ここでもやはり〈戦艦の時代〉は終わりを告げていた。そして「大和」が辿った歴史は、決して繰り返されることはあるまい。それでもなお、その名が忘れられないのは、なぜなのか。現代の日本に〈何か〉を示そうとしているとしか思えない。

戦艦大和の真実◎目次

あとがき

資料　戦艦の同一縮尺による比較／戦艦「大和」構造図

装幀／加藤俊二（プラス・アルファ）
イラストレーション／田村紀雄

第1章　巨大戦艦の寂しき戦績

昭和16年10月20日、宿毛湾沖標中間で公試運転中の「大和」。排水量6万ト9166トン、出力15万3550馬力、速力27.46ノットの〈勇姿〉である

三野　戦艦「大和」とはなんだったのか

当時の国家予算のかなりの部分を費やして、秘密のうちに建造された二隻の巨艦「大和」「武蔵」とは、いったいなんだったのだろうか。

日本人が造り出した最大の兵器

史上もっとも威力のある大砲を搭載した軍艦

であるのは間違いないのだが、それ以外に何か心に残る、得体の知れないものだ。

今、沖縄と日本本土――この言い方にも問題はあるが――の間には、毎日数十便の旅客機が飛び交い、船舶が行き交う。その下の海底に、七万トンの鉄の城*が数千名の人々の遺骨と共に沈んでいるという事実を、どう受けとめれば良いのか。それがまた、情緒的な、精神的な面は別にして、なんの戦果も挙げ得ず消えていった史上最大の軍艦なのである。

全く同じ姉妹艦である「武蔵」の方はすでに忘れ去られようとしているが、「大和」はいまだに国民の間にある種の〈人気〉を持ち続けている。南の海に沈んでから半世紀以上たっているにもかかわらず……。

一部に〈無用の長物〉と言われ、これといった活躍をしなかった戦艦の人気（関心と言っても良い）が、これだけ持続している理由はどこにあるのだろうか。「大和」に関する本は山ほど出版されているが、この理由というより謎の解明は手つかずのままである。一般的な解釈としては、一隻の戦艦の運命がそのまま当時の日本のそれとかなり一致する、重なり合うということだろう。加えて言うなら、明治以来富国強兵政策を取り続けてきた近代国家日本の象徴であったのかもしれない。

むろん、「大和」という艦名が中世までの日本そのものを意味していることもある。二十数年前、一世を風靡した『宇宙戦艦ヤマト』のモデルも、「大和」以外には考えられなかったのであろう。宇宙戦艦「ムサシ」や「ナガト」では、あの名作アニメーションは成り立たなかったと言うしかない。滅びようとする人類が、唯一の希望として海底に沈む大戦艦を再生させるというストーリーは、これまた日本人の心の奥底を突いていて作者松本零士の才能を感じさせる。

実際に海底深くにある「大和」は船体が三つに折れて、中央部分は上下逆さまのまま砂の中に埋まってしまっている。魚雷攻撃により横転、大爆発、そして沈没した際の凄まじい衝撃が、あれほど堂々とした大戦艦をねじ切り、引き裂いたのであった。

しかし、そのような状況を知りながらも、やはり〈戦艦「大和」〉という言葉には、なかなか表現できないある種の感慨を感じるが、これは私だけのことだろうか。これは、先の巨大兵器という評価だけではなく、「大和」の最後の作戦が、
あまりに莫大な、意味のない人命と労力の浪費
多くの矛盾を携えながらも、日本海軍の国民に対する最後の信義、奉仕
乗組員一人ひとりの、複雑、悲痛な心境
といった事柄が複雑に混ざり合って現在の人々に何事かを語りかけてくるからだろう。
言い換えれば、「大和」と他の九隻の最後の出撃ほど、それを知る人々によって評価の異なる歴史的出来事は、他にはないと言えるのではないか。

＊数千名の人々の遺骨と共に沈んでいる……
「大和」の沈没位置として現在もっとも信頼できるのは、NHKがテレビ番組制作時に確認した北緯三〇度四二分、東経一二八度〇八分。船体の主要部分は長崎県男女群島女島の南方一七六キロ、水深三四五メートルに横たわっている。また、「大和」突入作戦におけるも人的損害のもっとも正確な数値は、日本側／戦死三七二一名・戦傷四五九名、アメリカ側／戦死十四名・戦傷四名。日本側の数値には「矢矧《やはぎ》」以下の護衛艦の分を含む。

日下 ワールドレコード・エイジ

「大和」という戦艦に特別な感情を抱くには、いろいろな理由がある。死んだ人に対して申し訳ないと思うから、それを賛美し称え祀るという心は世界中の誰にでもある。また、「大和」がなんだったのかと言うと、どの国にもあることだが、あの頃の日本はワールドレコード・エイジだったからとも言える。

世界記録に全然手が届かない時は無関心だが、そろそろそれに手が届くかなという時には、どこの国でも、あれが世界一、これが世界一と無理やりにでも言いたがる。一九三〇年前後のアメリカがそうで、その頃「エンパイア・ステート・ビルディング」が世界一」とか、「ナイアガラの滝は世界一」とか、アメリカの田舎の町に行っても同様に、「この教会は世界一」と、何に対してもそのように言っていた。

何が世界一かわからないが、世界一小さくても何でも、とにかくそれを言うのが大好きだった時代があった。戦後はそれを卒業して、もう世界一は当たり前になる。

日本は昭和四〇年から五〇年頃そういう時代になって、たとえば四国に橋を架けて世界一長いだの重いだの、新幹線がどうのこうのと言っていた。

ところで私の子供の頃、つまり昭和十年前後は日本は「東洋一」と言う時代だった。そして一〇年くらい前は上海とか、マレーシア、タイが「東洋一」と言い、最近は「世界一」と結構言いだしている。だが日本ではもう卒業していて、「世界一」などと言わない。

そういうことをこの「大和」にも感じる。あの頃は「世界一」が何か一つでもいいから欲しかったのだ。まあ劣等感と、それから日本は寂しかったのだろう。

地方に行くとギネスブックに挑戦して、「こんな長いベンチを作った」とか、「大きなオムレツを作った」とかやっているが、ああいうことを一生懸命にやっている人たちは寂しいのだ。

要するに、誰かに認められたいわけで、自ら認めるだけでは寂しい。戦後の我国も世界一があるぞと「大和」を褒め称えて、その気持ちをバネにテレビや自動車を作った。それで世界一になれたのだから、「大和」のお陰だという気がする。

『宇宙戦艦ヤマト』に関して言うと、あの頃の日本は世界に認められたかった。地球を救うということの先頭に立つと恰好いいという時代。まあ見栄だ。松本零士さんという人は戦争についてもの凄い思い入れがあって、『戦場まんがシリーズ』という著書もある。

すべての言論は、その前の言論に対するアンチテーゼだということがある。学説に関してても同じだが、テーゼになるのは「日本は駄目だ」という常識、その時、一つくらいはいいものがあると嬉しい。それが増えてくると、今度は「日本は何でも優秀だ」ということになる。すると「いやいやまだまだここが駄目だ」となる。これは流行で、いつもテーゼ、アンチテーゼと繰り返されていく。

日本などは三流国で、あの頃は白人への劣等感が凄く、白人に対して手も足も出なかった。松本零士さんはその中からああいう漫画を描いたのであって、あれは敵に一矢を報いるという思想だと思う。全体的には敵わないけれど、ちょっとだけ部分的にでも何とか闘ったと、溜飲の無理下げなのだ。溜飲を無理にでも下げると、今夜一晩でもぐっすり眠れるというお客がたくさんいて、ああいうものが作られたと思う。

それは私も一緒で、喜んで読んでいた。だがその一方で、こんなことばかりやっていても始まらない、もうじき日本は全面的に勝てるのだから、勝った時にはこういう話に喜ぶ必要がなくなるのだな、と思っていたものだ。

三野　「日本刀の美しさ」

「大和」の写真は非常に少ない。しかし、公試運転中全速で大時化《しけ》の中を走っている写真、あれは本当に素晴らしい。「大和」が後世に残したものというのは前述のようにいろいろあるが、あの写真が残っていなかったら「大和」の人気もこれほどなかったのではないか、と思うくらいに印象的だ。

アイオワ級*やキング・ジョージ五世級*戦艦の写真もたくさん見たが、どれもあれほどの迫力ではない。

波高三、四メートルの大波の中を、重さ七万三〇〇〇トンの鉄の城が二七ノット（五〇キロ／時）くらいで走るわけだから、〈勇壮〉という言葉を絵に描くと「大和」の写真になるのではないかという気がする。

時々、神様が自分の人生を歴史の中の好きな瞬間に置いてくれると言ったら、どこへ行って何をするだろうか、と考えることがある。中国の歴代の皇帝やハーレムの王様でもいいかなと思ったりするが、やはりああいう大型の軍艦が波の中を全力で走っているシーンを愛用のカメラで、今ならビデオで思いきり撮らせてくれれば、寿命が三年くらい短くなっても文句は言わない。

余談になるが、美人でも、本当に自分が美しいと思っているとそれが表情にでてしまう感じがする。ところが兵器とか、私は飛行機も好きなのだが、それ自身は美とは全然関係がないのに何かしら美しさを感じる、そういうところが印象に残ってだんだん惹かれていってしまう。

たとえばレーシングカーなどは商品だから、少しでも綺麗に見せよう、目立たそうとするのが当たり前だ。しかし、「大和」とか零戦を設計した人たちは美というものについて全く考えていなかっただろう。それが場合によっては「日本刀の美しさ」となって現れる。あれを最初に造った人も美しさなど思いもしないで、どのくらいよく切れるか、という想いだけで造っていると思うのだが、今見ると日本刀は本当に流麗な恰好をしている。

人を殺すための道具であることは百も承知だが、それでも意外と人の心を強く捉える。槍にしても、福岡県立博物館にある「母里太兵衛の日本号」と呼ばれる長槍は〈黒田節〉のモデルになったものだが、すごい芸術品で魅入られてしまう。そういう部分を見ていると、兵器とメカニズムというのは何か人を惹きつけるところがある。これはある意味では、善悪の枠をはるかに超えているのではないだろうか。

ただ「大和」は、たとえば後部の内火艇*を収納する場所などもかなり無理をして装甲しているのだが、設計の大事なところがきちんとした議論がなされないままアイディアだけに走っていると思う。あの辺りなどは作業がやりにくく、アメリカ的な割り切り方がない。これだけのものを造っていても、やはり日本人だなという感じがする。

アメリカの戦艦などを見ていると、ところどころ手抜きしていいのだという割り切りがあるし、ソ連の兵器もそうだ。有名な旧ソ連軍の傑作戦車T34などは中に入ってみると、こんな手抜きでいいのかと思うところと、重要な部分はすごくきちんと造ってあるという、そのアンバランスがすごい。一方、日本の兵器というのは、何をやってもどの部分もものすごく綺麗、繊細、丁寧に造ってしまう。

＊アイオワ級戦艦
アメリカ海軍が大和級に対抗するため建造した戦艦で、「アイオワ」「ミズーリ」「ウィスコンシン」「ニュージャージー」の四隻がある。日本の降伏調印が「ミズーリ」の甲板上で行われたのはよく知られているところである。結局、日本の戦艦との交戦の機会は一度もなく、以後朝鮮戦争、ベトナム戦争、レバノン紛争、湾岸戦争に参加。一九九

五年、すべてのアイオワ級戦艦の解役が決定し、歴史の中からこの艦種が消滅している。

*キング・ジョージ五世級戦艦
海軍休日の後、イギリス海軍が建造した新戦艦で五隻からなる。主砲の口径は列強の戦艦よりふたまわり小さく、十四インチであった。全長二二七メートル、基準排水量三万七〇〇〇トン、十四インチ砲一〇門。二番艦の「プリンス・オブ・ウェールズ」は、マレー沖海戦で日本海軍航空機により撃沈されている。

*内火艇
軍艦に搭載する小型のボート。軍艦同士や泊地から港への連絡などに使用される。小さなものでは五トン、大きなもので二〇トンといったところで、戦艦には通常五、六隻が積まれていた。

日下　美しすぎてひ弱

木村秀政さんという飛行機の設計家として有名だった人が、日本の飛行機は美しすぎると言っていた。美しすぎてひ弱で、実用性よりも図面に描いて美しいと言う。

零戦がいい例だ。最後尾を微妙な曲線を使ってあんなに細くスマートにする必要はない。美しいが、工程もコストもかかる造りにくい設計になっている。

日本の兵器はみな綺麗すぎて、実用一点張りというのがない。だが、軍艦に関してはまだしも本気で造ったようだ。それで兵隊や日本人全部に噂だけでも随分心強く思われたから、それはそれでよかった。

でも日本刀に関して辛辣なことを言えば、本当は両刃のほうがいい。なぜ片刃かというと、それはコストの低減のためだ。闘うためには、両刃のほうがいいに決まっている。それを片刃にしたのは、安物になったということだと思う。

神武天皇の頃は両刃の剣を持っていた。武士というのは田舎者だから、田舎者には片刃の刀を持たせていた。

私は身分差別から日本刀は生まれたと思うが、でもそれが美しく見えてくる。それは武士が天下を取ったからで、実力があれば何でもだんだん美しく見えてくる。

三野　「菊水作戦」は「アラモの砦」

アメリカは戦艦に州の名前をつけている。イギリスは王室の名前で、ドイツは国家の英雄である。イタリアはかなりばらばらで「ローマ」などといった都市の名前もついているし、また「ヴィットリオ・ベネト」のように、ファシスト党の象徴みたいなものをつけてあったり、いろいろである。ソ連では「十月革命」とかそういう名前をつけていて、特にロシアとソ連の場合は時代や施政者によって都市や軍艦の名前が頻繁に変わるので、覚える方としては勘弁して欲しいという感じになる。

日本の場合「大和」とつけたのは、「大和」というのは日本そのもので、それだけ国家を代表している兵器でもあるということだろう。

その「大和」が最後に「*菊水作戦」で沖縄を助けに行ったという話だが、良い悪いとかということとは別に、民族というのは歴史上で何かそういうエポックメイキングなことがあるほうがいいのではないかというのが私の持論である。だが、いわゆる平和主義者という人達から言わせると、あれは単に人命の浪費に過ぎないということなのだろう。

たとえば近代史でもアメリカの場合には、「*アラモの砦」みたいに、人数的にはだいぶ違うが国家の捨て石のようなところがある。かなり合理的な民族と言われているアメリカ人でも、いまだに「アラモの砦」を修学旅行で見学し、それなりの説明を受ける。国家の基礎はこういうところから築かれるという教育をしている。

昭和二〇年四月一日に沖縄に米軍が上陸して、軍民一体で抵抗が始まるわけだが、あの時に日本海軍の中で残っていた大型艦は「大和」だけだった。それで突入作戦を行ったのだが、その是非を考えてみたい。

沖縄が日本本土かどうかという点については、かなり議論のあるところだと思う。本当の意味で日本かどうかという議論は歴史を遡っていくといろいろな意見があって、あれは日本ではない、民族的にも違うと言う人もいる。

しかし現実の問題として一〇〇万人くらいの人が住んでおり、そこに米軍が上陸してきて死闘が行われているという時である。特攻機がかなり大量に投入されてはいるが、反撃の効果は充分でなかった。

ところで、連合艦隊というのは日本が明治以来営々と国民のお金を使って育ててきて、またそれなりに待遇してきた。軍隊だけだったらともかく、沖縄には民間人も大勢いる。私は全く国粋主義などではないが、それを助けに行くべきか行かざるべきかということを良いか悪いかという点から言ったら、あの時に日本海軍が何もしなかったらもっと悔いを残したという感じがする。

たとえば「アラモの砦」でも、サンタ・アナというメキシコの将軍が六〇〇〇人の兵士を率いてテキサスに侵入してくる。それに対してヒューストン将軍がそのサンタ・アナの大軍を迎撃する義勇兵を集めるための時間稼ぎに、あの「アラモの砦」に守備隊がたてこもって二〇〇人が決死の抵抗をする。

冷静に考えると、もともとニュー・メキシコやテキサスというのはメキシコの領土だったのをアメリカが強引に取ってしまった。だからおかしいという状況は確かにあるのだが、それでもやはりアメリカの歴史としては、あの犠牲があったから豊かなアメリカ、特にテキサス州が今もアメリカのものとして存在しているのではないか、という考え方が教科書だとほぼ大勢の感じがする。

沖縄へ「大和」を突入させて、それでどのくらい実際にアメリカ軍をやっつけられるかというのは、かなり議論があるところだ。ただ、今だから役に立たないのにと言えるのだが、作戦を立てた人達はある程度敵を撃破できる可能性があると思っていたのではないだろうか。

心情論になるが、沖縄が火事になっていて、そこへ出かけていったところで中にいる人々を助けられないことがわかっていても、「我々も命を賭して助けに来ました」と伝えることが明治以来延々と続いてきた日本海軍の最後の良心のようにも感じる。

＊菊水作戦

昭和二〇年四月、沖縄に来襲したアメリカ軍に対する反撃作戦の総称。大和艦隊だけではなく、多数の航空機が特攻、通常攻撃でアメリカ艦隊を襲っている。これによりアメリカ側は約三〇隻が沈没、百数十隻が損傷を受けているが、空母、戦艦などの大型艦の損失は皆無であった。

＊アラモの砦

テキサス州サン・アントニオ市郊外にある小さな砦で、一八〇〇年代のはじめに造られた。この三〇年後のアメリカ・メキシコ戦争のおり、一八七名のアメリカ人が敵の大軍を喰いとめようとして立て籠もった。二週間たらずの包囲戦の結果、降伏を拒否し、戦闘員全員が戦死した。これによりこのアラモの砦はアメリカの聖地となっている。

日下　無駄な沖縄突入戦

貧乏な日本で、「大和」のために予算を取った人、あるいはこれは有用なのだと力説した人がいたが、その後、昭和十七年以降は「大和」をスクラップにしてしまえということになった。百戦錬磨の将兵を三〇〇〇人も乗せて贅沢な食事をして、山本五十六が昼飯を食する時は音楽隊がついていたが、戦争の役に立ってない。そういう馬鹿なことをした関係者一同が責任を負って沖縄へ行けばいい。

ところが全然責任のない将兵三〇〇〇人が死に、それまで「大和、大和」と言ってきた人が生き残っているのはおかしいということだ。

もし「大和」が突入作戦をやらなかったら、「大和」を推進してきた人達の責任問題になるから決行した。そして推進派は全部助かってしまっている。*伊藤整一中将以下は、大和派の人達の身代わりのようなものだ。こんな馬鹿な話があるかと私は言いたい。

あの時沖縄に突入をさせたのは、「海軍全体のケジメ」をつけるという意味が大きい。戦闘行動ではないのである。海軍はその前にも、ケジメ論で道を誤っている。日米開戦の時は「これまでたくさんの予算をもらっておきながら、今ここで勝つ自信がないとは言えない」という変な理由で開戦した。

沖縄突入も同じで、敗戦後「大和」が残存していては闘い抜いた航空部隊に申し訳ないという理由で闘った。戦闘を任されているプロの言うべきことではない。彼らはそれ以上の芸術家を気取っていたらしい。

戦闘行為として沖縄に突入するなら、誰でも言っていることだが、まず戦闘機による直掩（直接掩護）をつけることだ。上空直掩がつかないのだったら延期すればいい。

暗号に関して言えば、日本の中で戦争をしているのだから、無線を使う必要はない。飛行機を飛ばしたって何だって連絡はできるのだ。全く新しい暗号を使ったっていい。出発前から敵にその情報がわかっているような馬鹿なことをしていた人こそ、突入失敗の責任をとって切腹してもらいたい。そういう人達が集まって責任転嫁のため、あれは精神的意義があったとか、要らないことを言っている。

だから沖縄突入には私は反対だ。戦争というのは勝つために、勝つようにそれぞれみんなが努力するものだ。その努力もしないで、命を捨てた三〇〇〇人に対して申し訳ないと思う人が勝手に「大和」を祀り上げている。

沖縄突入は誰かの身代わりだ。もし本気で「大和」に勝算ありと思ったのなら、いっそ米軍が上陸する前にあそこへ行って待っていれば良いのに、なぜ後から行くのか。

戦争はどうせ不確実なことをするのだから、見込みが外れても良いからともかく真剣に考えて、あらかじめここだと思うところに隠して待っていればいい。アメリカの立場になって考えれば、ここだというところは、後知恵で言うが絶対に沖縄になる。アメリカは戦争が終わった後のことも考えているわけで、アジア全体を支配するには沖縄が一番良いと思ったのだ。永久にアメリカ領にするつもりだった。

場所が台湾とかであれば、基地周辺に気心の知れない住民がたくさんいて安全ではないから、アメリカにとっては飛行場と艦隊の寄港地があれば、周りに人間は少ないほどいい。今ならはっきりとわかるけれども、そう思ってアメリカは沖縄へきた。

心情的に沖縄を助けに行くなどは戦争には全く余計なことで、姿勢を示すというだけにしかならない。それは部下に要求することであって、トップ自ら姿勢などはどうでもいい。トップ自ら「姿勢は見せたぞ、でも結果は知らんぞ」と言う、そういうのだったら失格である。

日本陸軍の「作戦用務令」などを見ても、「姿勢を示さざるべからず」などと書いてある。姿勢などはどうでもいいから、こうすれば勝つということを考えて欲しい。勝てないと思った時には逃げろと命令してください、逃げるところがなくなったら降伏してください、これが下の者の願いだ。

だから、どうせ無駄だと言うのなら降伏すべきだ。その時の海軍軍令部は、もう戦争はやめましょうと終戦のための運動をすべきで、それが一番沖縄の人を助けることになる。もともと海軍軍令部は、戦争を始めるとか始めないとか発言権があったのだから、終戦の発言権もあるはずだ。それをやればいいのに、なぜ呉へ行って伊藤整一中将に

「お前頼む死んでくれ、姿勢を見せろ」などと言うことになるのか。

終戦を言い出せない、そんな人は辞職すべきだろう。言い出せる、言い出せないという問題ではなく、言うべきことを言って、駄目な時は処罰を受ければいい。それがエリートなのに、国に殉ずる覚悟がない。それを海軍兵学校から習ってきたはずで、部下には要求しておいて自分は言い出せないとは何ごとか。

伊藤整一は、もう面倒臭くなったのだろう。死ねばいいんだろうとなった。だけど下の三〇〇〇人はどうなるのか。出撃前夜に候補生を降ろしたが、みんな降ろせばよかった。行くのなら士官だけで行けば良い。

＊伊藤整一（いとう　せいいち）

大和艦隊一〇隻の司令官で少将。知性派として知られ、温厚、誠実な人柄で部下の信頼を得ていた。沖縄への出撃作戦については終始反対であったと言われるが、最終的には連合艦隊側に押し切られてしまった。戦死後中将となる。

三野　戦闘機の護衛なしの不可解

「大和」、軽巡洋艦「矢矧《やはぎ》」が駆逐艦八隻と共に沖縄へ向かった時、どうして戦闘機の護衛をつけられなかったのかを明確に説明した解説を読んだことがない。

この一〇隻からなる艦隊が、二時間にわたるアメリカ海軍機との死闘を繰り広げていた海域は、九州の南方約二〇〇キロのところだ。したがって、鹿屋《かのや》をはじめとする多くの航空基地から護衛の戦闘機を発進させるのは、それほど難しくはなかったはずだ。

確かに、昭和二〇年の四月という時期には、日本の海軍航空の弱体化は著しく、また燃料の不足、乗員の質的低下もすでに無視できないまでに陥っていた。そして、次々と出撃していく特攻隊の直掩が必要であることも充分に理解できる。

それでもなお、大和艦隊に一機の戦闘機も随伴させなかったのはどうしたことだろうと思ってしまう。「大和」攻撃を目的に、アメリカ空母から発進した戦闘機、攻撃機、爆撃機の総数は約三〇〇機だが、天候が悪かったので実際に攻撃したのは一八〇機と言われている。もちろん、この全てが同時に襲いかかってくるわけではないのだから、少数の護衛戦闘機でも「大和」についてさえいれば、かなりの阻止効果はあったと思う。

また、当日は雲が低く垂れ込めて、小雨がパラついていた。この雨雲を利用し、二〇機程度の零戦が上空にいれば、アメリカ艦載機の攻撃の手はかなり緩められたはず。

これらの零戦は、必ずしも敵機を撃墜する必要はない。なるべくグラマン戦闘機との空中戦を避けて、その分、急降下爆撃機、雷撃機を襲い、「大和」への接近を妨害すれば良い。戦闘機に弱いこれらの大型艦載機は、零戦が接近してきただけで必ず回避運動する。

こうなれば、たとえ機関銃弾を射ち尽くした後でも滞空する意味がある。接近すれば、相手は弾を射ち尽くしてしまっていることなどわからないから必死に逃げる。危ないと感じれば、持っている魚雷や爆弾を投棄することだってあるだろう。

昭和十九年秋のフィリピン海戦中のサマール沖において、日本艦隊に攻撃されたアメリカ小型空母部隊の艦載機は、まさにこのような行動をとった。機関銃弾、魚雷、爆弾を使い果たした後も、疑似攻撃（攻撃の真似）を繰り返し、日本艦隊から母艦を守ろうとした。

これがかなり効果的だった事実を日本側も認めている。

護衛戦闘機を派遣できなかった理由はいくつでも挙げられようが、やはり日本艦隊の最後の組織的作戦となった「大和」の突入については――たとえ五機でも六機でも――エスコートをつけるべきだった。

貴重な零戦を「大和」の護衛に出すべきか、特攻機に使うべきか、という議論は、きちんとなされたのだろうか。

残された資料から判断すると、これはほとんど行われなかったように思われる。しかも、先の議論の結果、エスコートが行われなかったのではなく、単に「大和」の出撃が航空部隊に伝えられずに終わった可能性も残る。

つまり、連絡の不徹底、あるいは協議の必要なしということであったのかもしれない。さもなければ、一〇隻の軍艦と合わせて四〇〇〇人の乗組員が日本の領土を守るために出撃しようとしているのに、航空部隊が全く協力しなかった事実を理解できない。

少数の護衛戦闘機がついていたところで、「大和」を救えたとは思っていないが、それにしても友軍の艦隊を全くの〈裸〉で送り出した点については、いまだに憤りを感じてしまう。

さらに言えば、指揮官の伊藤整一は特攻作戦実施の条件として、護衛戦闘機の派遣を強く要求すべきだった。もし、海軍軍令部が本気で「大和」を沖縄へ突入させようとするならば、戦闘機のエアカバーは必須の条件なのである。ところが、命令を持ってやってきた神*参謀との打ち合わせの際にも、この話は出ていない。

こうなると、海軍の「菊水作戦」に対する姿勢さえ問われる。それとも、この時期には海軍はすでに戦争を投げてしまっていた、と見るべきなのだろうか。

＊神重徳（かみ　しげのり）
当時の連合艦隊の首席参謀で、「大和」の沖縄行を積極的に進めた中心人物とされている。しかしこの作戦が彼の一存で決められたものでないことも確かである。その一方で、彼の主張には常に〈神がかり〉的な部分が存在した。戦後の海難事故のさい、自殺的な死を遂げたことでも知られている。

日下　「神風」は抑止力

合理的な人は出世できないで、「一億人が総特攻しろ」などと言う非科学的で勇ましい人ばかりが出世した。だから、今度の戦争で三〇〇万人も死んだ。

そして下の人も勇ましかったから、日本人は勇ましい国民だという信用が残った。その姿勢を示したことの価値は今でも残っていて、そのお陰はこうむっている。「日本人を怒らせるとまた神風になる」という脅しは世界的に充分効いているのだ。

だからワシントンでも北京でも、日本はいつかは怒り出すだろうと思いながら、もう一回くらいは殴らせろ、殴ればお土産をくれるから自分の手柄になると、みんなそう思っておそるおそる日本を殴っている。そういう意味では効果があった。今我々は軍事費を少ししか計上しないが、潜在的軍事力としてはあの時の信用が充分に効いている。

したがって中国は日本をこれ以上怒らせてはいけない、このへんでやめようなどという計算を一生懸命考えているし、アメリカも同じだ。

韓国もやっと気がついたようで、私の会社に来ている留学生もこの間「気がつきました」と言っていた。平成九年の十一月の金融危機に、韓国は日本に「金を貸してくれ、助けてくれ」と言ってきた。今までは成功した独立国だと言って威張っていたのに、特別のお慈悲で金を貸せと言った。

その時日本は、「ちゃんと担保を出せば担保の分だけは貸す」と応えた。そこで韓国は担保を出して金を借り、それで手持ちの金がすっからかんになったらはじめて自力で復興し、そのうえ韓国に援助をくれた日本の偉さがわかった。「韓国が今日あるのは日本のお陰だということが初めてわかりました」と言っていた。

韓国軍は国連軍に編入されていて、その最高司令官はアメリカ人だということにも気がついたようである。ＩＭＦ（国際通貨基金）に頭ごなしに叱られたかららしい。

第2章

史上最大兵器の意図と現実

三野　戦艦が初めて活躍した日露戦争

平成九年にソ連のミサイル駆逐艦が百年ぶりに訪日し、またつい最近はカナダ海軍の艦隊が来た。しかし新聞を読んでいると、若い新聞記者が書く記事は大手新聞でも「ソ連の戦艦が来た」とか「カナダの戦艦が来た」といったようになっている。

一般の読者にとって、戦艦と軍艦の区別がつかない時代になっているのではないか。

そこでまず、どう違うのかを説明しておくと、戦艦のほうは英語で言えばバトルシップ（Battleship）、軍艦のほうはウォーシップ（Warship）。ウォーシップというのは航空母艦であっても、潜水艦であっても何でも軍艦と言う。しかし戦艦、バトルシップというのは、そのうちの一つの艦種でしかない。要するに「大和」も戦艦であるが、それは軍艦の中の一種類なのだ。

では、戦艦とはどのような兵器か。

戦艦が生まれたのは二〇世紀初頭で、現在には現役としてはもう存在していない。これが海軍の主力だという意味の主力艦とか、戦列艦とか言われるものが生まれたのは南北戦争の頃からで、それでもまだ戦艦という艦種は生まれていない。

十九世紀の終わり、日清戦争の時の日本の主力艦は戦艦ではなくて、大きい大砲を一門だけ積んだような軍艦だった。やはり本格的な戦艦が登場した時代というと、日露戦争が一番初めだと考えていいのではないかと思う。

だから戦艦を語る時は、まさに二〇世紀そのものという感じがする。また、「大和」を始めとする大型の戦艦というのは、ピラミッドや万里の長城と同じく、巨大な構造物であまり役に立たなかったものの典型という見方もある。

「大和」が兵器として一番大きいというのは事実で、人をたくさん乗せ、燃料を満載にすると七万三〇〇〇トンくらいにもなる。軍艦というのは排水量でその大きさを示すが、物理で言えば排水量というのは重さそのものである。だから商船などと違って「大和」の重さは、本当に七万三〇〇〇トンぴったりあるというわけだ。

現在の船で言うと客船もやっと一〇万トン超えるようなものが出てきて、航空母艦も大きいのは大体一〇万トンある。タンカーだと五〇万トンができているから、それと比べると「大和」もたいして大きくないような気がするが、半世紀前に七万トンもある船を造ったということ自体が、エポックメイキングだと言えるのではないだろうか。

また戦艦を自国で造ることのできた国は、世界中を見渡してもせいぜい一〇ヵ国ぐらいで、これ以外の国の持つ戦艦のほとんどはイギリス製であった。さらに、有色人種の国でゼロから戦艦を造ったというのは、歴史上日本だけという点も興味深い。

さらに言えば、史上この巨大兵器を保有した有色人種の国家も皆無である。

日下 戦艦はヘビー級ボクサー

戦艦とは、ボクシングに例えて言うと、足を止めて徹底的に撃ち合うことのできる軍艦だと言える。スピードは遅い、大砲はやたらにでっかい、それから殴られても簡単に壊れないようにアーマーという厚い鉄板を張っている。

その前身は何だったかと考えてみるとクルーザー（巡洋艦）だ。クルーザーの前は何だというと海賊船（コルセア）だった。海賊は相手と闘い、奪い取ったものを船に積むのだから、戦艦の始まりは商船と軍艦兼用みたいなものと考えれば良い。

遠くの方まで行けば獲物があるだろうと追い求めるが、発見しても追いつかなければ仕方がないからスピードが第一。そして、相手が強そうだったら逃げ、弱そうなら噛みつく。こういう巡洋艦的な海賊船から、戦艦が専門分化した。

白人が突然強くなって世界を征服した理由は、外洋船に大砲を積むというただそれだけのことで、それを大々的に実行する熱意があったのはアジアより貧乏だったからである。略奪を恥と思わぬ心情も問題だが、その根底には貧乏があった。その頃、アジアにも外洋船はあったが大砲はなかった。

呂宋助左衛門が堺からルソン（現在のフィリピン）まで行って貿易をしていたその船が、そっくりそのまま絵巻物になって京都の神社に飾られている。それは商船と海賊船と軍艦の全部を兼ねていて、あまり大きくもない船に二〇〇人くらい乗っているのだが、本当に船を走らせるために必要なのは三〇人から四〇人くらいで、残りの大半の百何十人かは戦闘員だ。

戦闘員は無駄なコストのように思われるが、海賊が来たら防ぐ、そして相手が弱ければこちらが海賊を働くために必要だった。彼らは船だけではなく、都市や港町にも襲いかかった。武力を見せないと相手が支払いを履行しないという時代でもあった。

その他に三、四〇人乗っているのが商人で、中には自分だけの品物をマニラへ行って売りたいとか買いたいとかの理由で、リュックサックを背負って移動する独立商人がいた。

彼らは自炊が原則で、まあそれでも儲かったみたいだが、甲板で七輪のような道具で煮炊きをした。だから昔は船火事が多かった。

こういうのがそもそもの戦艦の始まりだったが、だんだん専門分化して、最後は足を止めて撃ち合うことだけが役割になった。相手がやればこちらもやる。これが戦力の主力である、という意味から主力艦と言う。そういう戦艦の時代は案外に短く終わってしまった。

いつもそうだが、戦艦の場合も「日本人は最後に登場する」。アメリカの不動産屋やヘッジファンドが「日本が登場した時は相場の終わり」と言っているようなものだ。真似をするからそうなる。

三野 「大和」対「アイオワ」

軍艦に関する技術的な問題や国としての考え方の問題、それから人為的な話などをしたい。

たとえばフランス、イタリアというのは立派な軍艦を造るわりには一度も激戦を経験せず沈みやすくて、ドイツは攻撃力はたいしたことないけれども沈みにくい。そしてイギリスがその中間くらいという感じだ。

さらにアメリカはというと、第一次大戦ではちょっと顔を出しただけですぐ終わってしまって、南北戦争の後は米西戦争、その後の第一次大戦などでは海戦をほとんど経験していない。それにしては、軍艦はかなり優れていた。

あのマハン*の『海軍戦略』を見ていても、強い軍艦を造れという話はあまり出てこない。商船護衛とか海上権益に対する関心が強く、自国の利益をいかに守るかに一生懸命だった。

イギリスのキング・ジョージ五世級、ドイツのビスマルク級、日本の大和級、そしてアメリカの――新戦艦の小さいものは別として――アイオワ級を比べてみると、アイオワ級は出てくるのが二年くらい遅い。

そのためもあってこの戦艦は、極めて優れていたのではないか。大砲の口径が少し小さいのだが、「大和」の砲身長（口径と砲身の長さの比）が四五で、「アイオワ」は五〇だから威力としてはそれほど変わらないという感じがする。また、機関出力は「大和」の場合十五万馬力なのに、二一万馬力なのだから、「大和」のそれと比べても五割も大きいという感じだ。

細かいところを見ていくとボイラーの圧力や蒸気温度なども、「大和」と比べて二～

三割も高い。高い蒸気温度と大きな蒸気圧を作るというのはタービンの場合は極めて有利で、速力から言うと三三ノット、「大和」よりも六ノットも上で、この六ノットというのは実に大きな違いということになる。魚雷を避けるところから空母の直衛艦としても使えるという、闘って良し逃げて良しだと言える。

二年ぐらいの差でありながら「大和」をこうも追い越し、爆撃機で言えば、ボーイングB29を造るし、やはり当時のアメリカはちょうど国力としては絶頂期に達していた頃なのだろう。

あらゆる点で、見れば見るほどアイオワ級というのは戦艦の頂点だという感じがする。それと比べると「大和」は、十八インチ砲を載せることが良かったのかどうか。防御力もそれほどたいしたことがないし、機動力に関しても、トン当たり二馬力しか使えない新型戦艦というのは「大和」だけだ。他の列強の戦艦はみな一トンの排水量を動かすのに二・五馬力くらいは使え、「アイオワ」に関して言えば三馬力にもなる。

これらのことから考えると、「大和」の評価はそれほど高くないということが、かなり数値的にはっきり出てきてしまう。

＊アルフレッド・T・マハン

アメリカ海軍の提督、海軍史家として広く名を知られている。海軍の拡張はそのまま国力の増強と一致するという「海上権力史論」を一八九〇年に表し、その後の列強海軍に多大な影響を与えた。なかでもアメリカはマハンの意見をそのままの形で実現させようとしたのであった。一九一四年没。

三野　戦艦がだぶついたアメリカ海軍

アメリカは当時の工業規格にかなり統一性があるのに、戦艦*のエンジンに関してはレシプロ、蒸気タービン、蒸気タービン・エレクトリックなどいろいろ造った。あのあたり複雑なことをやっているのは、やはり金持ちだからともかくあれこれやってみようということなのだろうか。

アメリカの技術には、ともかく何でもやってみようという傾向が見られる。その中から良いものを研究しておいて、大量生産しようという考えのようである。

飛行機でも何でもそうで、特に護衛駆逐艦などのエンジンを見ていくと、ディーゼルがあって、ディーゼル・エレクトリックがあって、ガソリン・エレクトリックがあって、スチーム・タービンがあって、ともかく何でもある。

そのくせ兵器の規格を統一しろ統一しろと言っていて、ガトー級潜水艦などはそれをやっていながら別の方面で、また全然別々に次から次へと造っていくという、あれは余裕としか思えない。

それにしても第二次世界大戦の時のアメリカの国力はすごかった。戦艦だけを見ていっても、それはすぐにわかる。

日本がようやく「大和」と「武蔵」の二隻を誕生させただけなのに対して、なんと一〇隻。そしてこれとは別に、排水量三万トン近い超大型巡洋艦（巡洋戦艦）アラスカ級を二隻造っている。旧式戦艦を含めた総数でも、日本の十二隻に対して二九隻で二倍以上持っていた。

航空母艦に関して言えば二五隻対一五〇隻なのだから、長期戦になったらとうてい勝目はない。

日本海軍としても、アメリカの建艦能力を一応予想しており、その分、量より質を目指して「大和」「武蔵」を造ったのではないか。確かにこの二隻の能力は、アイオワ級四隻を除けば圧倒的だった。

アメリカの新戦艦、

ノースカロライナ級　二隻建造
サウスダコタ級　　四隻建造

が相手ならば、一対二の闘いとなっても対等以上に勝負できたかもしれない。

この六隻については、排水量から言っても三万二〇〇〇トン程度と大和級の半分である。さらにその主砲は十六インチと言いながらも砲身長は四五で、「アイオワ」の十六インチ五〇と比べると、射程、威力ともかなり小さい。

それでもなおこれら二つのクラスの六隻は、「大和」、アイオワ級以外の列強の新型戦艦並の威力を持っているから、アメリカの建艦能力のすごさがわかる。また戦争終結時には、さらにアイオワ級二隻、アラスカ級二隻が建造中だった。

つまりアメリカ海軍では、戦艦そのものがだぶ付き気味になっていたのだから驚かされる。

＊戦艦のエンジンに関しては……

すべて蒸気タービンであった日本海軍の戦艦群と異なり、アメリカの戦艦は、テキサス級／往復機関（レシプロ）、カリフォルニア級／蒸気タービン・電動機、他のクラス／蒸気タービン、と三種類の動力系を用いていた。ただし、新しい戦艦群はすべて蒸気タービン推進である。

日下 「大和」はおまじない

「大和」が世界最高の戦艦ではないという三野さんのご指摘は鋭い。日本礼賛がすぐ慢心につながるのは、こういう冷静さがないからである。

アメリカに関して言えば、一つは、無駄遣いを厭わず、プラグマティズムで、やってみなければわからないという精神がある。だから何でもやらせてくれるわけだ。ところが日本では、賢い人はやらなくても見抜くと考える風土があって、何もやりもせずに「私が見抜きました」と言うと案外その意見が通ったりする。

これはもともとは貧乏なのと、もう一つは英才信仰が原因だろう。物事を見ないで人物を見るので、すぐに「作戦の神様」というような表現を使う。人間を信用してしまって、物事をとことんまで検証しようとしない。日本のよくない点だ。

アメリカの軍艦が優れていたその背後には、強力な商船隊があった。多分、世界で一番たくさん商船を持っていたのではないか。だから建造力があり、商船護衛とか海上権益に対する関心が強かった。

日本は戦争に使うため、シンボルとして「大和」「武蔵」があるぞという感じだった。シンボルがなくなっては大変だと考えて、温存していたのだろう。おまじないみたいなものだ。

アメリカがガダルカナルの戦闘で思い切りよく戦艦を危険な海域に送り込んだのは、あの時中間選挙をひかえていたからだろう。昭和十七年の、今と同じ十一月が中間選挙だ。だから八月に何か明るい話題が欲しいと、ルーズベルト大統領直々の願いを受けてガダルカナルで反撃した。つまり、「一つ海軍でやってみます」というゴマスリ精神なのだ。戦艦一隻くらいなくなったってまた造ればいいので、中間選挙に勝つほうが大事だというわけだ。これは私見なので本当のところはわからないが。

あるいはパールハーバーで、こんなものはもう古くてあまり必要ではないと日本軍に教えられたということかもしれない。

三野　**横綱同士の取り組み**

もはや絶対に実現しないことがわかっていても、軍艦ファンと言われる人たちがいつも夢見ていることがある。それは、実質的に史上最後の戦艦となったアメリカのアイオワ級四隻（「アイオワ」「ミズーリ」「ウィスコンシン」「ニュージャージー」）と、「大和」の対決だ。一隻ずつが全く対等の条件で闘った場合、いったいどちらが勝つのだろうか。

昭和二〇年四月の沖縄戦の際、状況が少し変わっただけで、この対決が実現する可能性もあった。もし、これが本当に闘っていたら、まさに人類が造り出した最大の兵器同士の一騎討ちとなる。

核兵器、ステルス機、レーザー兵器、弾道ミサイルなどが登場している今、個々の巨大兵器がぶつかり合う戦闘など何の意味も持たないことは重々わかっているのだが、それでも軍艦に興味を持つ一人として、時々この〈夢の対決〉の実現を考えている。

考えてみれば、戦艦ほど大規模な兵器は他にはない。重量数万トンの鉄の城に、熟練した数千人の男たちが乗り込み、大海原を疾走しながら、あらゆる技術を駆使して敵艦を沈めようと奮闘するわけだ。ここにある種のロマンが生まれるのは当然だろう。

言ってみれば、大相撲の横綱同士の取り組み、野球の日本シリーズに近いものがある。さらには、戦国時代の合戦の絵巻物を見ているような気もしないわけではない。

この対決の結果を本格的に研究したいと思っているのは、何もアマチュアの軍艦ファンばかりではないようだ。数年前に発行されたアメリカ海軍の公式な研究雑誌『プロシーディング』にも、「アイオワ」対「大和」の戦闘の結果を予想した記事が載っている。何人かの海軍軍人が研究したものだけに、血湧き肉踊るといった記事ではなく、あくまで冷静に二隻の巨艦の能力を比較している。その結果としては、勝敗を決定するのは艦自体の性能、十八インチ、十六インチ砲の能力などではなく、レーダー（正確にはＦＣＳと呼ばれる火器管制装置）の性能によるということだった。

いかに十八インチ砲の威力が凄まじかろうと、発射した砲弾が敵艦に命中しなければ何の意味もない。いったん戦闘となったら、一刻も早く敵に命中させることが重要なのだ。

晴天、かつ白昼の海戦ならいざ知らず、荒天、夜間であったら、レーダーの能力はそのまま勝敗に結びつく。「大和」が「アイオワ」の位置を確認する前に、十六インチ砲弾が飛んでくることだって充分にあり得る。日本とアメリカの電子兵器技術の差は、きわめて大きかったから、これが現実となったかもしれない。

アメリカ側のレーダーは、この頃にはかなり高性能なものとなっており、敵を発見するだけではなく、砲撃の管制にも利用できるまでに進歩していた。また能力ばかりか、信頼性についても大きな違いがあった。したがって「大和」対「アイオワ」の対決は、案外呆気ない形で後者の勝利に終わった可能性もある。

アメリカの戦艦ははるか彼方からレーダーによって正確に目標を捉え、すぐさま砲弾を送り込んでくる。これに対して「大和」の十五メートル測距儀、一・二メートル探照灯が対抗できるかどうかといった問題なのである。

日本人の一人として、何とか「大和」に勝って欲しいとは思うのだが、やはり『プロシーディング』誌の述べている結果にならざるを得ないのだろう。

三野　目と足が衰えたボクサー

もう少し、この史上最大の戦艦同士の闘いの話を続けよう。レーダーの能力で大きく劣る「大和」だが、なんとか勝つチャンスを作れないものか。

この条件は、たった一つしか考えられない。天候を選びに選んで、大時化《しけ》の時に闘いを挑むのだ。当時のレーダー・アンテナは完全に剥き出しだから、それに塩分が大量に付着すると能力が低下する。この割合は決して小さくないから、やはり荒天を利用するのがベストだろう。

また、レーダー妨害用のアルミ箔（チャフ）を大量に発射するのもいいかもしれない。

これは自艦を隠すと共に、相手のレーダーを無力化する目的を持つ。ただし、鉄の塊である戦艦が目標では、チャフがあまり役に立たない可能性もある。レーダーの電波は、質量の大きいものによく反応するからだ。

この二つ、荒天の利用とアルミ箔によるレーダーの妨害。「大和」の勝つチャンスはこれしかないようだ。もともと、このような状況を考えなくてはならない分、残念ながら「大和」の不利は明らかと言っていい。「アイオワ」は「大和」のレーダーなど無視して闘えるのだから。

このように考えていくと、「大和」は必殺のパンチ力こそ持ってはいるものの、目も衰え、足も充分に動かなくなったボクサーに例えられる。一方の「アイオワ」は、パンチ力において多少劣るが、他の全ての面で相手を圧倒する若い選手であろう。

結局言えるのは、もはや「大艦巨砲の時代」は過去のものとなっていた、ということだろうか。いかに強力な戦艦といえども、多数の航空機、そして数年後には姿を見せるミサイルなどの誘導兵器には対抗できない。

これは「大和」だけではなく、「アイオワ」や戦後に完成するイギリスの「バンガード」、フランスの「リシュリュー」といった戦艦にも言えることである。こうなると年）における武田信玄と上杉謙信の一騎討ちのような歴史の一コマになってしまう。

「大和」と「アイオワ」の対決も、時の流れと共に、川中島の戦い（永禄七年、一五六四

さらに言えば、大砲という兵器自体もその役割を減らしつつある。「大和」の十八インチ砲（四六センチ）は艦載砲としては最大であったが、現在使われている一般的な艦載砲は五インチ（十二・七センチ）砲である。口径ではわずか三分の一、砲弾の重量では二〇分の一でしかない。

それも「大和」は九門搭載していたが、現在の軍艦、たとえば軽巡洋艦クラスのイージス護衛艦でもたった一門だけ。海戦における大砲の出番は、ごくごく僅かなのである。

したがって軍艦の外観から言えば〈勇壮〉の文字は、もはや浮かんでこないと言う他ない。

第3章

建造コンセプトの妥当性

昭和16年9月20日、呉工廠での艤装工事が最終段階に入った「大和」。
日本海軍の計画した140番目の軍艦であることからA140と呼ばれた

三野　極端な攻撃力重視

第二次大戦が始まってからの新型戦艦だけをみると、アメリカが十二隻、日本が二隻、ドイツが数え方によっても違うが四隻、イギリスが五隻である。

性能表で調べてみると、あくまでもカタログ・データなのだが、アイオワ級、大和級、そしてビスマルク級が一段上で、それ以外のイギリスのキング・ジョージ五世級などというのは、かなり格下の感じがする。またアメリカの戦艦でも、アイオワ級以外の新戦艦は速力も二七ノットくらいだし、たいしたことがなさそうな気がする。

こうやってみると結局最強と言えるのは、「ビスマルク」と「大和」と「アイオワ」だけと言っていい。その中でも大砲の口径からみると「ビスマルク」は十五インチ、「アイオワ」十六インチ、「大和」十八インチというので、その差は凄くある感じがする。つまり、「大和」がなぜ造られたかという一番のポイントは、何といってもその十八インチ砲の砲弾の威力と射程距離で、ともかくアメリカ海軍を圧倒しようということで造られた。

ただここで一つ考えられるのは、口径の大きい大砲が本当にいいのかということだ。

その砲弾が当たれば良いが、必ずしも戦艦の大砲の弾が敵艦に当たるとは限らない。近距離で撃ち合うなら別だと思うが。

当時全長から見れば世界で一番大きい軍艦だったイギリスの「フッド」は、「ビスマルク」の砲弾一発で沈んでしまった。これを見ると、確かに大威力の砲弾というのは凄いなと思う。だが、逆に当たり所によっては、駆逐艦でさえ沈まないという事実もある。

日本は何かというと大砲をたくさん積んで、さらに少しでも大きい口径の砲を積むこと自体が、強い軍艦の条件になるというように考えていたのだが、イギリスとか、特にドイツなどはそのようには考えなかった。

たとえば「ビスマルク」などは十五インチ砲で、日本と比べると二段階小さい大砲を八門しか積んでない。しかし総合的な戦闘力からは大和並みだった。これとは対照的に、日本人は〈絶対的に強い〉ということに対する思い込みがある。昔のプロレスの力道山や相撲の双葉山みたいな、誰とやってもあいつは負けないのだというものを盲目的に求めているのではないか。

また、大体兵器というものの能力はほとんどの場合、攻撃力と機動力と防御力と、その三要素で決まってしまうと思う。だがどうも日本は重巡洋艦にしても、駆逐艦にしても、ともかく攻撃力重視というのが極端な感じがする。

逆に言うとドイツ軍というのは攻撃一辺倒みたいだが、「ビスマルク」などの例を見ていると、砲の口径も小さいし数も少ない、ただ防御力だけは凄いというのが伝統的なようだ。特に第一次大戦のジュットランド沖海戦を調べてみると、大砲の口径もイギリスよりだいぶ小さく、それなのに損傷を受けた時非常に沈みにくい。本当にドイツの軍艦というのはしぶといという感じがする。

それから、イタリアとかフランスの戦艦はろくに闘わないで終わってしまうが、イタリアの戦艦は大きくて立派なのに簡単に沈んでしまう。あれは技術的うんぬんというよりも乗員の質の問題なのか、船としての素性が良くなかったということか。

特に三万五〇〇〇トンのローマ級（正式にはビットリオ・ベネト級、一番艦「V・ベネト」、二番艦「ローマ」、三番艦「リットリオ」）というのは、そう簡単に沈むわけないと思うけれども、一番艦はイギリス軍の超旧式のソードフィッシュ攻撃機の運んでくるような小さな魚雷、一、二発で沈んでしまう。

これは国民性なのだろうか。

日下 実戦とカタログ性能

ドイツの軍艦は大砲の口径が小さくても沈みにくい、その理由を私は戦争観だと思う。戦争観の下に国民性を言いたければ言ってもいい。

ジュットランド沖海戦で言えば、ともかくドイツの軍艦は沈まずに港に帰ってきた。結局その後は使わなかったが、帰ってくれれば、また修繕できるから最後までその睨みは効いていた。だからフリート・イン・ビーイング（艦隊保全戦略）と言う。これは講和条約の時のバーゲニングパワー（交渉力）になる。

軍艦は存在するだけで講和条約の時にも睨みが効く。だから、海戦で大砲を撃つだけが能ではないという考え方で、これは戦争観だ。戦争は必ずいつか講和条約をもって終わるから、そこで有利な状況を作っておくのも戦争の一部であるということだ。

これは、ドイツなどはヨーロッパでいつも戦争をやっていたからだろう。それに比べると日本はあっさりしていて、一回だけの戦闘でケリがつくという相撲みたいな戦争を考えていた。

日本の巡洋艦など凄いすごいと言われていたが、第二次大戦になるとあっと言う間に沈んでしまう。しかしドイツの巡洋戦艦の「サイドリッツ」などは攻撃力はたいしたことがないのになかなか沈まないのは、自分のところの鋼材の材質に自信があったからだ。それからもう一つは、防水区画を一〇〇〇くらい、小さいのをたくさん作って沈まないようにした。「大和」は船体が六〜七割の大きさの「陸奥」と同じ防水区画の数で、一一〇〇くらいから別に増えていない。

飛躍的に増やす予定だったのを、造船家として有名な平賀譲*がまた一一〇〇くらいに戻してしまったのだ。防御重視ならもっと細かく部屋を分けておけば、もっと浮いていたであろう。ところが平賀はそれを採らなかった。これは平賀の個性なのか、日本全体の国民性なのか、海軍の雰囲気なのか。

あくまで粘り強くしぶとく、最後の勝利まで頑張るというのがイギリスだが、イタリアの戦争観はまた別で、軍備というものは普段平和な時に見せつけて脅かしておけばいい、本当に使うようでは終わりだ、というものだ。

カタログ性能に関しては三野さんのほうが詳しいと思うが、カタログ性能を喜ぶ国がさんざん戦争をした結果、関係者全員が他にも重要なことがあるとわかったという話もある。

たとえば日本は昭和十二年から戦争をしてきて、いよいよ昭和十六年にシンガポールやマニラで英米軍とぶつかる。これは飛行機の話だが、その時の日本には「なんだこいつらはカタログ性能を自慢ばかりしていたが、実用性がないではないか」という感想がある。

アメリカの軍用機は民間航空会社が造っていたから、カタログ性能を誇大に宣伝して軍に買ってもらおうという売り込み商品だった。だが、日本はそうではない。日本は何年も闘っていたから、カタログには書かれないことに重きをおいていたというか、気がついていたわけだ。

この話を戦艦で言えば、たとえば撒布界*というものがある。撒布界の大小が本当はどのくらいかというのは、理屈では誰でもわかる。でも突き詰めて考えた人は少なくて、内部の会議で意見が通るか通らないかという話になる。

だから巡洋艦の主砲でも、二〇センチは駄目で十五・五センチのほうが余程良いということがスラバヤ沖海戦などで少しはわかって、その後の巡洋艦は十五・五センチになる。理由が判明してから主張が人に通る。それは撒布界が小さいこともあるし、発射速度が高ければ、砲口馬力と呼ばれる馬力が結局大きいということもあった。

あるいは、「大和」の場合は射程が長いほうがいいということだが、長い射程が活きてくるには、敵を遠くから見つけなければならない。そういう条件は、戦場では意外に少なくて、大体ばったり出会うものだ。カタログ性能を喜ぶ前に、そういういろいろなことを考慮しなければならない。これは三野さんのほうがよくご存知だ。

*平賀譲（ひらが　ゆずる）
日本海軍の艦艇設計者として最高位の技術中将の地位まで昇りつめ、また東京大学総長も兼任した。優れた手腕を発揮した反面、部下とたびたび衝突し、それが少なからず問題となった。巡洋艦「夕張」「古鷹」、戦艦「長門」「大和」は彼の設計によるところが大きい。自分の意見を強引に押し通すことから、「ひらが・ゆずらず」といった声もあった。昭和十八年没。

*撒布界
複数の艦載砲から同時に発射された砲弾が、まとまって落下する範囲のこと。この撒布界が小さい（狭い）ほど、砲弾の命中率は向上する。

三野　オーソドックスな設計

「大和」をみていると、いろいろな部分ですごく保守的な設計という感じがする。アメリカは新戦艦でも、船体が短いものと長いものという具合にいろいろなタイプを造っている。そういうことをやれる国と比べると、日本は貧乏で一種類しか造れない。

その点ではアメリカと似ているのはイギリスで、第一次大戦のとき、「フッド」をはじめ*巡洋戦艦をたくさん造って、いろいろ革新的なことをやっている。しかし、やはり第一次大戦で勝ちはしたものの国力が衰えてしまい、後に造られた「プリンス・オブ・ウェールズ」などのキング・ジョージ五世級というのは、極めてオーソドックスでたいした戦艦ではないという感じがする。これは五隻造ったが、国力がもう尽きてしまって、あのくらいのものしかできなかった。

それと比べると、ドイツは*ポケット戦艦を三隻造ってかなり技術的な蓄積があり、その次に*シャルンホルスト級の二隻の素晴らしい巡洋戦艦を造って、さらにその後に極めて強力な「ビスマルク」というステップアップでくる。私は、闘いようによっては「ビスマルク」のほうが「大和」よりも強かったのではないかという気がする。

イタリアとフランスはかなり能力のある戦艦を造っているが、ほとんど実戦を経験せずに終わってしまい、ソ連は新戦艦の建造に着手したものの、完成には至っていない。したがって、アメリカとイギリスとドイツの三ヵ国が当面の比較対象になるが、これらの国では旧式の戦艦と新戦艦とではかなり異なっている。

ところが日本というのは、デザインから言うと砲塔の主砲が三門だったり二門だったりという違いはあるのだが、「大和」は「長門」と「陸奥」の延長線上にあるような気がする。

なぜそのような違いが出てくるかという理由を考えてみると、他の三ヵ国に比べて日本人というのがもっとも保守的だからではないか。もう一つ、貧乏国がなけなしでこんな大戦艦を造るのだから失敗したら大変だというので、大砲でも何でも、ともかくオーソドックスにということだったのではないかとも思う。

こういう所が一番の「大和」の特徴のような気がするのだが……。

数値で調べてみると、あんな大きな戦艦なのにエンジンの出力が非常に低い。「大和」は六万八〇〇〇トンで出力は十五万馬力、アメリカ海軍の「アイオワ」は四万八〇〇〇トンで二一万馬力だ。船の場合は排水量をエンジンの出力で割った値で、機動力も何もかも決まってしまう。大和級は各国の新戦艦の中で速度が一番遅い。

このような点からも、もっと革新的な戦艦ができなかった最大の理由というのは、やはり貧しかったからだと思うのである。

＊巡洋戦艦

バトル・クルーザーの訳語。防御力より機動力を重視した戦艦であり、代表的なものはイギリス海軍の「フッド」である。ヨーロッパ各国は第一次大戦直前からこの艦種を重視したが、アメリカ、日本海軍はこれに興味を示さなかった。巡戦の建造費は、大出力機関を搭載することから標準的な戦艦より高価となる。なお日本海軍は本来なら巡洋戦艦と呼び得る金剛級四隻を〈高速戦艦〉と区分していた。

＊ポケット戦艦

第二次大戦直前にドイツ海軍が三隻建造した小型の戦艦。排水量わずか一万トンであったが、このクラスの艦としては圧倒的な威力を持つ六門の十一インチ砲を搭載し、世界に大きな衝撃を与えた。実戦でも「グラフ・シュペー」「シェアー」などが活躍し、その能力を証明している。

＊シャルンホルスト級巡洋戦艦

ドイツ海軍が一九三九年に就役させた巡洋戦艦で姉妹艦に「グナイゼナウ」がある。海戦以来この二隻は、北大西洋において華々しく活躍した。全長二三〇メートル、排水量三万二〇〇〇トン、十一インチ砲九門。このクラスは強靭な防御を誇る反面、攻撃力は貧弱であった。「シャルンホルスト」は一九四三年十二月二六日、イギリス戦艦「デューク・オブ・ヨーク」と交戦、撃沈されている。

日下 平賀譲の個人的怨恨

「大和」がオーソドックスだということについて、三野さんのおっしゃることはよくわかる。ただ物事には遠因と近因とがある。あるいは基本的原因と、ほとんど偶然的原因とかがある。遠因を言っているほうが賢そうに、的を得ているように見える。

それから近因を言うと、何か血沸き肉踊る物語になる。大きな問題の時には遠因を言えばいいが、「大和」がどうしてああなったかという話なら近因を言いたい。

それは、設計者として平賀譲が返り咲いたからだ、ということだと思う。平賀譲の返り咲きを許したような艦政本部全体の体質とか雰囲気とかが原因だった。

書いている人は書いている話だが、平賀の後を受けた藤本喜久雄という設計者がいて、その人に全部任せておけばこんな軍艦にはならなかっただろう。平賀譲が返り咲いて藤本案を潰していくのは、個人的怨恨ではないかとさえ思える。

藤本が戦争のことを忠実に考えて、作成した案があるわけだ。それは、たとえば砲塔は三つ全部前甲板に集めてしまい、後ろにはない方が良いとか、エンジンはディーゼルにしようとかいうものだったが、他の人々が元に戻してしまった。だから保守的になった。

また、このような大きなプロジェクトを計画した時に、戦争全体をどう心得るかが重要だ。アメリカは日本をやっつけたいためではなくて、日本がフィリピンを取りに来るからこれを守るために日本と闘わなくてはいけないと考えていた。アメリカのオレンジ*計画を、日本をやっつける計画のように言う人がいるけれど、そうではなく基本はフィリピン防衛計画だった。

だから日本とフィリピンの中間で闘いが起きるであろう、と日本海軍は考えていた。それなら航続距離は要らないし、それほど速力も要らない。敵のほうがかさにかかって攻めてくるのだから捕捉することも要らない。出ていって一週間でケリがついてしまうわけで、沈んでしまえばそれきりだから居住性は悪くても良い、兵隊はハンモックに寝かせておけば良い、とそういうふうに考えて戦艦を造った。

それならそういう戦争になるように計画すればいいのに、トラック島に進出したあげく、何もしないまま一年も暮らしているなど馬鹿げている。山本五十六はいい気分だろうが、下っ端はたまったものではない。

あの時の大和の冷房の設計温度は三五度で、火薬庫の冷房機をそのまま転用して兵員室も冷やしてやろうということだった。それでも他の軍艦よりはまだましだったが、そもそも兵員室を冷房するなどは贅沢だと、精神論で堂々と議論したのだから酷いものだ。

予定戦場は温帯地方なのか、それとも熱帯地方なのかが先決されねばならない。「大和」の主砲の射撃指揮装置には、地球の自転の影響修正値が南緯二〇度までついていたそうだから、兵士にも同じ配慮をすべきだった。兵士も兵器の一部である。

＊オレンジ計画
アメリカ海軍が一九三〇年代に立案した日本に対する攻撃計画。主として旧来型の艦隊決戦により、日本海軍を撃破するというものであった。しかし、それほど実現性を持った計画ではなく、海軍の予算増大を狙ったとする見方もある。

三野　成り行きで決まった

模型を作ってみれば一番よくわかるのだが、「大和」は最初の設計だと甲板の左右両端に三連装の巡洋艦の主砲を副砲として二つ載せてあって、あの時代であんな設計をしたということ自体が、飛行機に対する脅威をあまり考えていなかったことがわかる。

アメリカの新戦艦には副砲はなく、よく考えると他の国の新戦艦でもほとんど副砲を積んでいるものはないくらいだ。「大和」の設計思想というのは、意外とその点からも古かったという結論になるのかもしれない。

大きさは全長が二六三メートル、横幅が三八・九メートル、排水量は基準で六万八三〇〇トン、満載で七万二三〇〇トンくらい。ああいう数値、特に全長と全幅は設計思想から決まったのだろうか。

私は既存のドックの幅とかそういうもので決まったのではないかという気がしている。速力低下を知っていながら、なぜあれだけ横幅が広い船を造ったのかな、というのが疑問なのである。発砲の際の反動を受けるために、どうしても横幅が広くなったという気もするが、その辺りがはっきりしない。

大体、「大和」以外の新戦艦というものは、縦と横の比率からいくと一〇対一か十二対一くらいなのに、「大和」は二六〇メートルに四〇メートルだから六・五対一しかない。だから極めて幅の広い戦艦なのである。

これは、先に十八インチの三連装砲塔を三基積んでしまって、そのあと否応なしにこんな形に決まったのではないか。現代の大プロジェクトと違って、成り行きで決まってしまったような気がしないでもない。

海軍の要求したのは、ともかく十八インチ砲九門を積んだ大戦艦を造れということで、その他の条件はきちんとした議論なしで造られているという感じがする。

アメリカのアイオワ級とかドイツのビスマルク級に関しては、すごく議論をして強い戦艦を造ろうという意欲が「大和」以上にあったように思う。キング・ジョージ五世級は、もう予算が充分なかったせいか大砲も十四インチで、このレベルでいいと思ってしまったのだろう。その点では全体のスタイルから言っても、「大和」とキング・ジョージ五世級は似ていて、「ビスマルク」と「アイオワ」が本物の戦艦だと思うのである。

日下 **発注者は度胸が必要**

「大和」に副砲は全然必要ない。飛行機対策とすれば個々に狙う必要などは全くなくて、二五ミリの機銃をぎっしり並べて弾幕射撃をし、弾丸のカーテンを張っておけばいい。

飛行機の設計も同じだが、注文する人は重点を言わなくてはいけない。この際に度胸がないと、あれもこれもと言うわけで、すると設計者は声の小さいほうへ欠点をしわ寄せしてしまう。たとえば、兵隊の兵員室とかそちらのほうへしわ寄せしたり、あるいはばらして散らせてしまい、後になって少しずつみんなを泣かせてしまうことになる。「大和」の航続距離が長すぎるという話がある。計画より二割か三割、重油タンクが大きすぎたというのだ。これでは計画より航続距離が必要以上に長くなってしまい、余分な重油タンクの容量だけ他のスペースや機能が犠牲にされたことになる。こんなのは設計の発想からして失敗なのだ。

零戦の場合などは、設計主任であった堀越二郎を中心にかなりシビアな議論をしているが、「大和」の場合はともかく戦略上大きな重油タンクが必要だという声が強かったようだ。

そしてみんなの顔を立てるというのが設計者の苦労だったが、平賀は割と自分の意見を通したから、平賀譲ではなくて「ヒラガ譲らず」と言われた。

そこで問題は平賀が選んだ重点は何だったのかで、未来の戦闘への想像力は充分だったのかが問われる。それがないとバランス型や伝統尊重型になる。

第4章 技術を育てるソフト発想力

三野 奇跡の兵器「VT信管」

対空砲の威力の話をしたい。大編隊で直線、水平飛行をする大型爆撃機に対しての高射砲、また低空に降りて攻撃してくる戦闘機に対する高射機関銃・砲は、それなりの効果を期待できる。

しかし、刻々高度を変えて接近してくる急降下爆撃機や雷撃機を撃墜できる兵器は、当時としては存在しなかったのではないか。「大和」とその護衛艦九隻が射ち落としたアメリカ機は十二〜十四機だから、一隻あたり二機にもならない。

もともと比較的小型で運動性の良い艦載機を、高射砲で撃墜すること自体が無理だった。このような状況は戦争が始まる前からよく判っていたはずなのに、日本に限らず、列強の海軍は全くその改良策に取り組んでいない。

ともかく、電子的に能力を向上させたマジック・ヒューズみたいなものがどうしても作れなかったのなら、たとえば簡単に細くて丈夫なワイヤーを砲弾の後ろにつけたり、弾幕射撃でやるというような工夫をなぜしなかったのだろうか。高射砲弾を発射する度に、後ろでカチカチ高度を合わせるためのダイヤル操作をしてから撃っているようでは絶対に敵機は落とせないだろう。

マレー沖海戦の場合、イギリス側は二隻の戦艦を失っているのに、撃墜した日本機はわずか三機だけである。つまり対空砲の効果は〈無いよりまし〉といった程度だった。

さすがにアメリカは後に電子回路を組み込んだVT信管を開発し、高射砲の命中率を六倍まで高めた。これこそ、まさに奇跡の兵器と言える。

一方、アメリカ以外の軍隊は、相変わらず旧来の高射砲から一歩も出なかった。有名なドイツの八八ミリ高射砲でも、大型爆撃機以外の敵機を射ち落とすのは困難だった。

なぜ、当時の軍人たちは高射砲の効果を高めようとしなかったのだろう。確かに照準器の性能向上や、射撃指揮装置の改良には力を注いだらしいが、その結果はたかが知れている。砲弾の爆発する高度の設定に時間がかかるという欠点は、少しも変わっていないからだ。

こんな時、まさに奇跡とも言える発想が生まれ、敵機の近くにくると自動的に砲弾を爆発させるVT信管が完成した。このシステムをアメリカは〈Magic Fuse　魔法の信管〉と呼んだが、これまでの高射砲がそのまま使え、新しい砲弾さえ用意すれば命中精度が六倍も向上する。この砲弾の供給が始まると、対空砲の威力に格段の差が生じ、戦力の開きはますます大きくなっていく。
近、現代の日本の技術は、あくまで欧米のそれの欠陥、弱点を一つひとつ潰すという形で発展してきた。これはこれでそれなりの価値を持っているが、その一方で画期的な発明はなされていない。この点がなんとも残念なのである。
そしてまた、この際何よりも大切なのは、問題がどこにあるのか、その解決のために従来とは全く異なった方法を探し出せないか、という点にある。ここで〈思いつき〉が重要になってくるが、これは言い換えれば〈アイディア〉と言える。
現実の問題として、それが可能かどうかまず判断するのではなく、解決のためのアイディアを出せるかどうかが勝負なのであった。この分野になると、ともかくアメリカ、イギリスの得意とするところで、大戦前、大戦中に、
前述のＶＴ信管
各種のレーダー
戦闘を有利に導く数理システム・ＯＲ
を実現させている。
ＯＲ／オペレーションズ・リサーチなど、日本軍はおろか、あれだけ優れたドイツ軍

さえも気付かなかった。これまた画期的な戦闘分析の手法だった。
いったいこのような柔軟なアイディアは、どこから出てくるのだろうか。

日下 想像力がない

マジックヒューズ、あれには敵わない。それが結論だがせめてもの問題提起をすれば、日本はどうせ造れっこないにしても、アメリカなら造れるかもしれないという想像力が日本側の誰にもなかったということが情けない。

近接信管は夢の兵器だから、軍人なら誰でも考えることだろう。だから、アメリカならひょっとしたらやるかもしれないと、こう考える人がいていいはずだ。そして、そろそろ出来ているかもしれないと考えて、帰ってきたパイロットから話をいちいち聞く係をなぜ設けなかったのか。

ブーゲンビル島沖海戦の四次か五次の時にこれが出現したわけだが、あの時は日本の九九艦爆編隊が六機のうち五機までやられた。この数字だけを見ても、これは少しやられすぎであるとわかるから、原因究明対策委員会などがすぐにできてもいいはずだ。

当時の対空砲火は効果が無いに等しかった。それは追いかけて撃つからいけない。修正量を見込んで先へ撃てと言うのだけれども、見込み不足に大体が陥るわけで、「大和」の対空砲も例外ではなかったようだ。その対応策になるような練習をもっとすればいいのだが、吹き流しを引いて飛ぶ飛行機を使う訓練もろくにしていない。兵隊をしごいてばかりいないで、ちゃんとそういう見込みのある練習をさせるべきだった。ただ気合いで、兵の体を叩いてばかりいた。

では、ベトナム戦争の時に北ベトナム軍はどうしたかというと、アメリカの攻撃機に対してもう追従射撃をするなと言った。飛んでくるのを待って前方の一つのポイントに撃ち続けていろ、そのうちに敵はここを通過するからどこかで当たるよ、という射撃を指導した。

それから敵が機銃掃射か急降下爆撃かで自分に向かって来る時は、落ち着いて正面から撃て、逃げたって殺されるから、その前に一矢報いるつもりで撃てと言った。だから、小銃弾一発で相手を落とした話もある。正面に向き合った時は、よく当たるはずだ。

また高射砲で思い出すのが、昭和二〇年二月十六、十七日と二日間、アメリカの機動部隊が関東一円を襲った時のことだ。その翌日硫黄島上陸作戦をするのだが、その時私は東京のひばりが丘というところにいた。林の向こう側が中島航空機の工場で、紫電改という新型の戦闘機に載せる「誉」という発動機を作っていた。

アメリカは、ここで「誉」を造っているというような情報を知っている。だから徹底的にこれを攻撃しにカーチスＳＢ２Ｃ艦上爆撃機が来る。日本海軍も敵が来ることを知っていて、その一週間くらい前にトラックで運んで、その辺りの畑の中に三連装二五ミリ機関砲という対空機銃をたくさん置いていく。それが役に立つのだが。その他に高射砲陣地も、私の知らないようなところにあったらしい。

カーチスＳＢ２Ｃが急降下してきて、翼の下からロケット砲を工場をめがけて撃つ。すると、下から二五ミリが撃つのだが当たらない。

工場を通り越して低空で退避するカーチスＳＢ２Ｃを追いかけて、後方から撃った高射砲の砲弾がまさにすぐ側でバーンと破裂した。そのタイミングが見事に合ってグウーっと機体が揺れた。それでもそれは行ってしまったが、爆風はものすごいものだった。

工場を爆撃した後にカーチスＳＢ２Ｃが浮いてくるところに照準を合わせてあったのではないかと思う。発射から炸裂までの時間は二秒くらいで、陣地からの距離は一〇〇〇メートル。

なかなか旨くいってこれほどの至近弾なのに、逃げられてしまった。マジック・ヒューズがあれば、単に後方から射つだけでああなるとも言えるし、二〇メートルの至近で炸裂しても逃げられるとも言える。

三野　奇跡の技術は民間人が開発

ベトナム戦争に関する話が出たが、私が取材で現地に対空砲火の件で調べに行った時に一つ驚いたことがある。それは、その数だ。首都ハノイ市だけで五〇〇〇門とか六〇〇〇門とか、第二次大戦中の日本の海軍が陸上に持っていた高射砲の一〇倍を一つの地域に集めて撃っている。ハノイ中を対空砲で全部埋め尽くしていると言ってもいい。

当時撤退しなかったフランス大使館の花壇を潰して、大使館員がまだいるのに、その脇に対空陣地を作っていた。紅河《ソンコイ》の河原に対空火器を置く場所がなくなってしまって、台船を引き上げてきてその上にまで置いている。だから中国・ソ連の支援があったにしても、これはすごいなという感じがした。

話が横道にそれてしまったが、アメリカ、イギリスは思ってもいない新兵器を続々と繰り出してくる。それも航空機、艦艇、戦闘車両の性能向上型などではなく、周辺機器の充実、新システムの開発といった分野なのである。

そのもっとも顕著な例がレーダーで、これが直接敵機を射ち落としたり、戦車を破壊するわけではないが、勝利を確実に呼び込む働きをする。

あるいは、数学者、物理学者、動物行動学者まで動員したオペレーションズ・リサーチの手法により、たとえば、

敵の潜水艦による味方の輸送船団の被害の、大幅な減少

戦略爆撃の際の目標の選択

特殊な高性能無線通信器の開発、実用化

といった、

「一見地味だが、広義での着実な戦力の向上」

を可能にしている。

ここで強調しておきたいのは、レーダー、ＶＴ信管、オペレーションズ・リサーチといった〈奇跡の技術〉に近いものの大部分は、民間人科学者の協力によって生まれていることだ。いや、協力というのは正確ではなく、民間人主導で開発されている。

つまり軍人は、いろいろな意味でかなり束縛された生活を送っていることもあり、新しいアイディア、豊かな発想などとは無縁に近い。軍の研究所で行われているのは、兵

器と直結するような研究ばかりであって、先の戦争をシステムとして見るＯＲのような発想は全く生まれてこない。

しかも当時の日本においては、現在何が問題になっているのか、といったことさえ民間人には知らせないままであった。たとえば、太平洋は大西洋より格段に広い。したがって、日本本土とアジアを結ぶ輸送船団の安全という点から見れば、敵に発見される確率は大西洋より低いのである。

それにもかかわらず、いつも同じコースを辿り、アメリカ潜水艦により徹底的に痛めつけられていた。これに対抗するため、数学者をはじめとする民間の学者を動員して船団の編成、出港のタイミング、護衛艦の配置などを検討させるべきであった。こうすれば、アメリカ―イギリス―ソ連を結ぶ海上補給路と同様、船舶の損失をかなり減らせたはずだ。

太平洋戦争の時の日本は、

「民間人を大量に肉体労働者として利用したが、反面その頭脳を最後まで活用しようとしなかった」

と言えるのではないか。

だいたい軍人たちがこの点に気付かないこと自体が、発想が貧困であると指摘できよう。そしてまた、素人である民間人を使うことによって戦争の兵器、戦略、戦術についての新しいアイディア、豊かな創造性など、これまでと違った発想の根元が見えてくる。それは結局のところ〈自由〉から生まれるのである。古くから続く習慣、これといった理由もなく単に正しいとされてきた物の見方などを振り捨てて、全く新しい技術を開発するためにもっとも必要とされるのは自由以外の何ものでもない。

現在のような経済状況にあって、存在している組織を発展させていくのも「自由奔放の精神」かもしれない。

日下 日本はいつも「最終列車」

レーダー時代になったのはいいけれども、そうなったらなったで、なぜアルミ箔を「大和」の主砲でばら撒かなかったのか。大威力の主砲があるのだから砲撃戦はもちろん、爆撃機や雷撃機に対してもアルミ箔を空中にばら撒いて、その下にいればいいではないかと思う。実際に夜間砲戦になったら、敵は必ずレーダーを使う。

その時、こちらはVT信管がないから一向に困らないのだということを思いつく、江戸時代、塙保己一という盲人の先生が、授業中行燈が消えても困らなかったという話があるが、そういうソフトさがない。

また、よく言われることだが、日本人は仕上げが丁寧で綺麗で、人間が真面目で、凝っていて、教えられるとそれをとことんまでやる。だから何時も最終列車になる。日本が最終列車で、その時に相手は次に乗ってしまう。たとえば、縄文時代のあの技術で、世界最高の文明文化を作ったのは日本である。つまり農業をやらずに、採集と狩猟だけで一番良い生活をしていたのは日本の縄文人なのだ。良い生活をしているから、農業みたいな苦しいことをやらなくてもいい。その代わり人間の寿命は短かった。

農業時代に入ると、世界最高の農業社会は江戸時代の日本であるという。何しろすごく完成していて、所得水準が高い。イギリスは産業革命をしたけれども、国民所得が日本と肩を並べたのは明治十数年頃で、明治二〇年くらいまでは、日本人は産業革命なしで自分たちよりも良い生活をしていた、というイギリス人が書いた研究がある。農業でも、工業でも世界最高レベルの社会を作ったのは日本である。

だから工業化でも、サッチャーさんが「こんなのはいいから他のを見せろ」と悔しがった富士通ファナックのロボット工場などを持てるところまでに日本は到達した。だが、もうその時にアメリカやイギリスは情報通信社会になる。

ある過激な人はその情報通信社会でも、「間もなく日本は他を追い越して、そのためにビル・ゲイツはもうじきにホームレスになる。マイクロソフト社は倒産する」とも言っている。それをやるのは世界の家電メーカー六社だが、その内四社までは日本企業で、ナショナルとソニーとシャープなど。他はＧＥとフィリップス。この六社が圧勝してマイクロソフト社は潰れてしまい、ＯＳ（オペレーション・システム）はこの世に要らなくなると言う。もうすぐだ、待っていろと。

しかし、その情報通信社会で日本がまた最高のものを作ろうとする時、世界はその次の金融・証券が力を持って儲けは全部頂戴するという時代を作りかけている。

日本は仕上げではいつも勝つが次のジャンプでまた負ける、ということをこの「大和」について考える時に思い出す。

第5章 プロジェクト推進体制の点検

昭和18年トラック島の泊地における巨艦二隻。手前が武蔵、向こう側が大和である

三野　**戦線の拡大**

昭和十六年末に、「大和」の竣工に合わせたような状況で戦争が始まるわけだが、この大戦艦が思う存分に活躍できなかった理由の一つに、日本軍の大本営が戦線を拡げようとしたという事実がある。

必然性は個々に見ていけばあったかもしれないが、真珠湾で成功して、思いもよらずマレー沖海戦で勝って、シンガポールを落してというようなことをやった挙句、すぐインド洋に出ていく。まさに、戦線、戦域をどんどん無制限に拡げていくのだが、日下さんは会社経営とか経済のほうの専門家なので、この点についてお聞きしたい。

ああいう場合に大手のマーケティングもそうだと思うが、リミテーションを決めておかないで無限に拡げていくものかどうか。またそれの功罪をあらかじめ検討しないのか、伺いたい。

日下　**真珠湾攻撃は余計な作戦**

それは人間の本能で、どこの国の軍隊でもあんなふうに無限に膨張していって、攻勢終末点に到達していながら、ここが終末だと思わずに闘う。それで、最後はどの国でもひっくり返ってしまう。

その時その瞬間に、この辺が国力の限界だと測定するのは大変難しい。これは相手との比較でもあるから、相手は弱ってるか、まだ余裕があるかも見なければいけない。後になればそれを歴史家は言えるけれど、その時の当事者にはなかなか言えない、と一つ弁護しておく。

そしてその次に、「そもそも戦争目的は何か、きちんと考えなさい」ということを、アメリカでもイギリスでも士官学校で徹底的に教えていた。イギリスは政治家がお互いにこのことに関してものすごく議論をする。議論に勝つためには、最終目標は何かということを言え、そういう訓練が子供の時からできていたのだ。日本の場合にはそれを考えていないことを痛感する。

日本の最終目的は、アメリカ海軍に勝ってワシントンに行って、降伏させることかというと、さすがにそれはなかった。だが、もう少し手近のところで何があるのか、というふうに順番を追って考えようともしていないのだ。

まずは、石油が欲しくて始めたのだから、オランダ領のボルネオかスマトラ島に行くのが目的だったわけだ。その時多分イギリス東洋艦隊が邪魔をするから、それに対する準備をしておく。それからアメリカの太平洋艦隊も邪魔しに来るだろうからこれを撃破する、と順を追って考えるべきなのだ。しかし、これを先手を打って防ぐか、事後的に防ぐか、というところの議論をきちんとしなかった。

いや、したのだけれども山本五十六が先制攻撃をやってしまえと押し切った。先に手を出すと、アメリカを怒らせてもっと酷いことになるという意見もあった。それを山本は、「怒らせたって怒らせなくたってどうせ最終的に日本は負けるのだから、むしろガツンとやったほうが良いかもしれない。これはもう一か八かの賭である」というようなことを言って実行した。それで真珠湾攻撃は何だというと、やらなくてもいい余計な作戦で、これが全部を狂わせていく。

だから真っ直ぐにやるなら、まず艦隊をスマトラ島へ送る。その前に、スイスの銀行を使ってオランダ政府に石油代金を払い、それからスマトラ島で出る石油を頂戴する。しかし向こうが石油は売らない、代金は受け取らないと言ったら、日本はそれなしで生きていけない国だから国家存亡の危機だ、これは国家の生存権の問題だと言う。

この時のオランダ政府は、本国をドイツに占領されてロンドンでアパート暮らしをしているのだから、ＯＫするかもしれない。それから「お前がアメリカに電話して了承を取れ」と言うべきだ。こういう外交交渉を充分に積み上げて、その後スマトラ島へタンカーと艦隊を派遣し、「この地とそこから出る石油を一時預かるのだ。金は払ってある」とやればいい。

それを見てイギリスが妨害に出ようとしても、これに大義名分はない。だからオランダ政府に頼まれたからというようなことを言って出てくるだろう。

しかし、ともかく最初に話をオランダだけに限定させておくのがいい。そこでイギリスが出てきたら叩く、アメリカが来たらまた叩く、というやり方のほうが順番がいい。

日下 「白人対アジア人の闘い」

もう一つ、日本は「この戦争は、白人対アジア人の闘いだ」ということを我慢して言わなかったのだが、言ってしまったほうがよかった。それを言ってしまってからインドへ行けばよかったのだ。これをなぜ言わなかったかというと、イギリスやアメリカに対して遠慮していた。ノドまで出かかっていたけど、やはり石油戦争の範囲でとどめておきたかったのだ。しかし、アメリカはそれを汲んでくれなかったのだから言えばよかった。

白人*はアジアから出ていってもらいたい、とひとこと言ってからインドへ進出していけば、昭和十七年にインドは完全に独立していた。あの時、日本の南雲機動部隊はインド洋を縦横に動き廻っていたから、日の丸をつけた飛行機をインドのボンベイでもカルカッタでも飛ばせばよかったのだ。

その時、シンガポールで捕虜にしたインド人を、「自由インド独立軍」とかにして独立を宣言させてしまう。日本軍は、独立のための後ろ盾であると言えばいい。

零戦に、自由インド仮政府のマークをつければよかったというのが私のアイディアだ。それをつけて飛んで見せればインド人は立ち上がる。イギリス人は少数だから追い出されてしまう。だがその時日本は、そこでまた助平根性を出して日本陸軍をインドに置いてはいけない。後はインドが自分でやれと、さっさと帰ってくればいい。

もし、もう少し欲を出すとすれば、サウジアラビアの石油を取ればいい。サウジアラビアやクウェートの石油を取ったら、インド洋は日本軍の海になるのだから。そうしたらイギリスは、こんな大損害を受けてまでオランダ支援をやることはない、すぐに戦争をやめようと言う。

ジャワ沖海戦から、その後のインド洋海戦を見ていると、日本軍は損害なしでイギリス軍をほとんど全滅させてしまうのだから、昭和十七年春の南雲艦隊をインドで政治的に使えば、これくらいのことはすぐにできただろう。

そして、アメリカへの宣戦布告を日本からはしない。すると、アメリカから日本へ宣戦布告をしなければならなくなるが、ルーズベルトは中立法という法律があるし、不参加は彼の選挙の公約でもあるし、なぜそんなにまでしてイギリスを助けなければならないか、と苦しむはずだ。

それでも何か口実を作ってアメリカ太平洋艦隊がやってくるのなら、それを小笠原で迎え撃てばいいのだ。そこで「大和」「武蔵」が出ていけば、向こうはあっと驚く。*昭和十七年四月頃の南雲艦隊の実力というものは世界一だったのだから、その年の夏か秋に小笠原決戦をやれば「大和」が存分に活躍できた。さらに南雲さんの機動部隊が後ろについているから、アメリカ艦隊は一隻もハワイへ帰れないということになる。

日本の軍令部はそう考えていたのだが、山本五十六が一人で、ずっと以前から日本海軍が練りに練っていた戦争計画を滅茶苦茶に壊してしまった。

*白人はアジアから出ていってもらいたい、と……

イギリスの植民地支配から脱しようと、志士チャンドラ・ボースが創設したインド人部隊「自由インド国民軍」は、本来ならカルカッタを目指す日本軍と手を結び、イギリス勢力の駆逐に立ち上がるはずであった。しかし日本側の不手際が重なり、インド軍の大部分はイギリス側につくことになってしまう。これは日本政府、陸軍の外交の未熟さを証明する出来事でもあった。

＊昭和十七年四月頃の南雲艦隊の実力……

昭和十七年春の日本海軍機動部隊の実戦力は、世界の海軍の中で抜きん出ていた。これはインド洋におけるイギリス艦隊との戦闘で、重巡洋艦二隻、空母「ハーミス」を次々と撃沈したことでも実証されている。しかし、この自己の能力に対する自信がミッドウエーの敗北へとつながるのである。

日下　西太后と日清戦争

ここで日清、日露戦争についても見るべきところを見ておく。あの戦争に勝つべくして勝った話をたくさん並べると気持ちがいいから、そういう話がたくさん出てくる。たとえば、秋山[*]参謀が偉かったという話。瀬戸内海の海賊でもあった塩飽《しわく》水軍の海戦術で単縦陣というのがあり、それを秋山が採用して日本海海戦に大勝した。

海賊は船を漕ぎながら戦争をするのだが、一番優秀な戦法はタテ一列の船隊で闘う単縦陣で、それを日露戦争で採用したから勝ったということだ。ロシアはピラミッド型に軍艦を並べて敗れたことから、それ以後世界中の艦隊が日本を見習って単縦陣になった。だから元祖は日本である、というような話がいくらでもある。

そんな話に欠けているのは相手国の事情を見ていないという点で、単に嬉しい話になっている。

日清戦争の場合すぐに相手を清国というが、清国が持つ艦隊を相手にしたというのは日本的思い込みなのだ。日本という国があれば、向こうにも清国という国がある。そこで日本が総力で闘ったのに対し、向こうも総力を挙げて向かって来て、それに勝ったのだ、という考えになりがちだが、実は違う。

知っている人は知っている有名な話だが、その時中国には女性の西太后という実力者がいて、軍艦を買うはずの予算を横流しして頤和園《いわえん》という大きな庭を作ってしまった。そこには人工の山まで造ってるのだから凄い。高さ百何十メートルの山で、その前に池があるという大庭園だが、そこに金を使ってしまい、北洋艦隊の李鴻章提督にやらなかったのだ。それで日本が勝ったとも言えるだろう。

ではどうして金を李鴻章にやらなかったかと言うと、日清戦争は李鴻章という軍閥が日本という田舎の勢力と闘っている辺地の小競り合いである、という認識だったからだ。またお金を沢山渡すと、李鴻章は日本と和睦して北京へ攻め込んで来るかもしれないと考えた。そのくらい用心して部下を信じていない国なのだ。

そこまでいかなかったとしても、彼は日本には当然勝つであろう、そんなにお金渡さなくても勝つはずであると思った。データをみればそう考えるだろう。

清の方が軍艦の大きさや数をみれば圧倒的に有利だし、長年こっちの方が「華」で、日本は「夷」なのだから勝って当然だ。ちょうどいいお金があるから、軍艦を整備する代わりにきれいな庭を作りましょうということになる。

それから清国には北洋艦隊の他に南洋艦隊もあったが、これは戦争になっても傍観している。つまり清にとっての全力投球の戦争ではなかった。

＊秋山真之（あきやま　さねゆき）

日露戦争の際、東郷平八郎の下にあって、実質的に日本海軍の連合艦隊を動かした人物。上司の信頼が厚く、ロシア・バルチック艦隊の迎撃作戦は彼の手によるものと言われている。その反面、軍隊と軍人の存在に最後まで疑問を持ち続け、日露戦争の終結後間もなく現役を退いた。大正七年没。

日下 エージェント制と日露戦争

それでは日露戦争はどうかというと、ロシアのツアー（皇帝）に対して忠誠を誓っているのは将校クラスだけ。それも、司令長官ロジェンストヴェンスキー中将がまずツアーに忠誠を誓っていて、それ以外の連中は彼が集めた部下だ。だから、部下たちは彼に対して忠誠を誓うという形になる。それがエージェントというもので、ここが日本と違うところだ。

日本もこれを見習って、今度の行革ではエージェンシーというものにしようではないか、独立行政法人にしようということだった。しかし日本人はこういうのが嫌いだから、郵便局はやっぱり公務員であるほうがいいということになる。

エージェンシー制度の根幹はエージェントだ。個人に「お前に全部任せる。お前は皇帝ご名代として、皇帝が持っている権力を全部使っていい。今からこの目的を達するまでは」という全権委任制度である。

日本にはそういうのがなくて、全権委任されてもみんなと横並びでよくよく相談してやる。それがうるわしいという国だ。

やってきたロシアのバルチック艦隊の中で本気で闘う気になっているのはロジェンストヴェンスキー中将一人で、彼は勝った後でたっぷり恩賞が貰える。部下の艦長はその分け前にあずかる。そのためには兵隊などはこき使って殺してもいい、何してもいいという考えだった。

一八六一年にロシアは農奴性を廃止した。これがローマ時代からあった農奴制で、この時列強の中では最後に廃止されたということになっている。それから日本海海戦まで四〇年以上は経っているが、奴隷を使う習慣はそのくらいでは抜けていなかった。

フランスの従軍武官が述べているが、バルチック艦隊の兵隊の不満は腐った肉を食べさせられるということ。それに抗議して騒ぐと、みせしめのために軍艦のマストから絞首刑で首を吊ってみせる。そうすると、しばし静まる。そしてまた次の港に行く。そんなことを二ヵ月か三ヵ月続け、日本近海まで艦隊を引っ張ってきた。

そうしてやってきたバルチック艦隊が海戦で日本に負けたのは、皇帝が直接エージェントに命令を下すことの弊害が出てきたからだ。そこまで全権力を皇帝が握っていると、ゴマスリがいっぱい周りに集まってきて、ゴマスリの意見を聞いて命令が変わることもある。

陸軍の司令官であったクロポトキンにしても、部下の状態よりもモスクワの評判を気にしながら闘っているから、作戦が目前の現実に合ってないことをやることになる。

また、日本はのるかそるかだから、かなり的確で合理的な判断をしていたが、相手国のほうは勝って当たり前。「どうせ勝って出世するのだから、なるべくたくさん出世するように、損害を出さないように闘おう」とか、「あいつに手柄をやりたくない、手柄はこちらがもらいたい」とちぐはぐな闘いをしていた。

大東亜戦争になると、日本海軍の中でも随分ちぐはぐな個人の功績争いが目立つのだが。

日下 社会体制で軍の強さが決まる

農奴制が残っていた影響は、陸戦でもある。ロシアは身分差がやたら激しい国だ。捕虜になったロシア兵は「日本では将校も兵隊も同じものを食う。これでは勝つはずだ。ロシア軍では士官と兵士の待遇の差があまりに大きすぎるから、我々は全然やる気がしない。日本の兵隊が、手抜きせずに頑張るのは当然で、これが近代化というものか」と感心したという。

ただ、日本の近代化の進み具合について言えば、「ロシアよりは」あるいは「中国よりは」なのである。大雑把な法則を言えば、社会全体、国家全体の体質が進んでいる国の軍隊ほど、闘えば勝ちやすいのだ。

だから社会体制としては、日本はロシアよりは近代化と民主化が進んでいた。江戸時代からそうであって、中国よりも進んでいたから中国にも勝った。相手国の兵隊はやる気がなく、こっちの兵隊はやる気があった。

ではアメリカを相手にしたらどうかというと、日本のほうが遅れていた。だから、いくら「大和」や零戦の自慢をしたって負けてしまったのだ。

日本人は賢いから、戦争が負けだした昭和十九年頃には日本人全部がその事実を智っていた。だから昭和二〇年になってアメリカ軍が日本の占領にやって来た時、「社会体制の優れた国の軍隊が来た。これに学ばなければいけない」と多くの日本人が思った。私はその頃を知っているが、戦争に負けた悔しさなぞ言っている場合ではない、と日本人全部が歓迎して迎えた。一から十まで学ぼうとした。

これはみんなが身をもって感じていたことだ。私はその頃中学三年から高校一年だったが、アメリカの兵隊がたくさん来て、池袋や新宿を歩き回っていた。そして、今日は日曜日だから上官に敬礼しなくもいいというのでこちらは驚いた。

日本の兵隊は日曜日でも、向こうから上の人が来たら敬礼する。それを「やばい、敬礼するのは嫌だ」と言って横の道に逃げると、追いかけて来て捕まえて「お前逃げたな」と言って殴る。それを我々は見て知っていた。

我々は日本国家のためなら闘うが、しかし上官のそんな趣味みたいなもので殴られるのは嫌だと思っていた。ところがアメリカ兵は仕事はする、戦争はする、だけどきちんと休みは休みだからたいしたもんだと思った。

私の経験で言うと、昭和三〇年に会社に入った時に、上司はみなそれを経験した人だから「日下、日曜日は休んでいいんだよ」とか「五時過ぎたから帰っていいんだよ」と言ってくれ、軍隊の体験者が課長で、そういう日本軍の悪いところはもう引き継がないというわけだ。そういう人たちが上にずっといたから、私はとても気持ちがよかった。

ところが今、昔に戻っているのは、日本の社会全体がいまだに遅れているということだ。だからこんな日本は嫌だと、仕事が本当にできる人は山一証券が潰れたら大喜びでニューヨークに行ってしまった。

日本全体の遅れ、その遅れのハングリー精神をタネに、無理やり頑張ると「大和」ができたということもあるが、「大和」を見ていると私は陰惨さを感じる。食うものも食わずに遮二無二造った。まさに遮二無二だからできたのだが……。

日下　隠さず外交に使うのが政治

日本に政治性が全くなかったという話に、「大和」を隠して造ったというのがある。田舎の人はうまいものは隠して食うなどとと言うが、そんな感じだ。隣の家にわからないように自分の家の中だけで隠して食う、こういうのが自然に日本中全部に染みついていて、新兵器といえば隠さなければいけないということになったのだろう。

隠せとひとこと言うと、これが下々まで自動的に周知徹底する。憲兵とか巡査とかが、やたら職務熱心にそれを徹底して、もう気違いじみている。終戦後アメリカに呼ばれた時に関係者が、あんなことをしていると仕事ができないから少しくらい漏れてもぱっぱと造ったほうがずっと得で、隠すための努力による損のほうが大きかったと言っている。

巨大兵器みたいなものはオープンにして外交に使うべきで、それが政治というものだ。

しかし皆が愚直だから、政治的な議論をしてもなかなか通らなかったのだろう。

造船所の脇を列車が走る時はシャッターを降ろしたりした。あの頃のシャッターというのは、今と違って細い木でできた鎧戸。ガラスの内側にもう一つそういうものがあって、これを車掌が車中を全部まわって降ろしなさいと言ってまわった。

こういうことをやる時は下っ端がやたら喜んで、自分も権力を少し握ったような気持ちになって命令する。自分より弱い者を探して威張るというのが日本人の嫌らしいところだ。上にはへつらい、下には威張る、これがなくならなければ一等国にはならない。

アメリカが世界中から好かれるのは、やはり正しいことは正しいのだという姿勢だろう。それは軍隊の制度でも同じで、書き置き制度というのがアメリカにはある。命令を受けた時、「命令ならばやりますが、この命令はおかしいと思います。書き置き制度を使います」と言うことができる。すると、「では、五分間どうぞ」と時間をもらうことができ、その間にこの命令はやはりおかしいと思う理由を一筆書いて記録に残すというシステムだ。そしてこれは握りつぶさないで、上へ出さないといけないことになっている。そういう民主的な制度があるというのは素晴らしい。

このシステムは、アメリカの映画などに出てくるものが、たぶんその通り行われたのだろう。こういうものは、握りつぶしてはいけない、握りつぶすとまたいっそうひどい目にあう。自分の選挙区の国会議員宛に文句を書いて残す兵もいた。

このようなことが守られているのが透明な明るい軍隊だが、日本では制度を作ったところで「なに、お前書く気か」ということになる。

三野　秘密主義は国民性か

隠密建造の話だが、面白いことにまさに敵対していたかなり右側の日本と、左側のソ連が両方とも秘密主義だった。アメリカは完全にオープンという感じだったが、ソ連はずっと秘密、秘密で、一九八九年代の終わりまでそうだった。

当時の日本は軍艦だけではなくて、あらゆる兵器や軍隊の情報が秘密になっていた。それはやはり国民性の問題なのだろうか。

しかも、本当に秘密が必要なほど高性能の兵器は、ほとんどなかったのに。

日下　政治的思考を嫌う

ソ連の場合ははっきりしているが、隠密主義を支配階級が国民を統治する手段に使った。我国にもかなりそのきらいがあるから、日本は遅れていると思う。

政治性ということで考えると、昭和十二年十一月に「大和」を起工したが、半分できたということをみんなに見せておけばよかった。そうすると、アメリカがしまったと思ってやりだしても、追いつくまでに三、四年が掛かる。だから、その間はアメリカも日本をいじめないのではないかという効果は多分にあった。

この予想でいくと、昭和二〇年まではアメリカは日本をいじめない。その後どうなるかは知らないが、そういう効果は期待できた。だから、艦政本部といったレベルではなくて海軍省、さらには陸軍省も首相も一緒になって、政治的な議論をもっとすべきだった。

この話をもう少し進めれば、起工式だけ六隻くらい見せればいいではないか、ということになる。予算を一生懸命ひた隠しにしたが、支出するのは三年先、四年先なのだから、スタート予算だけ六隻分パッと見せたほうがいい。こういうことを思いつく人はいたとしても、言えなかったのだろう。三野さんのおっしゃるように、政治的思考をみんなが嫌うというのは、あるいは国民性かもしれない。もう少し愚直にやりたいらしい。

それから戦争というものを戦場だけで考えているからいけない。秘密兵器を持っているってあっと言わせようという発想なのだ。

先日、自衛隊の人と話したが、ルワンダとかゴラン高原に自衛隊を派遣する時、国会論議で持っていく機関銃は一丁だけということになった。そこで四方面論、二方面論を主張して土井たか子さんなんかを必死に説得した。

自衛隊が一〇〇人くらいでテントを張っている、その身を守るために機関銃は必要だ。東西南北で四丁いるだろう。スペアを考えると、五丁はなければ意味がない。こういうことを言って、本当に血を吐く思いで説得したのだそうだ。だが結局一丁に決まってしまう。

だが私は、それなら派遣を拒否すればいいと思う。部下の安全を考えて、そう言える立派な指揮官はいないのかと尋ねたら俯いてしまう。できないならしょうがないが、それにしてももう少しアイディアを出したらどうだと思う。

私ならイミテーションを置く。プラモデルを五、六丁持って行く。プラモデルだからいいでしょうと言って、中に本物が一丁だけ入っている、これでもいいではないか。

他に考えられるのは、六四式機関銃は設計上無理があって、それを現場がヤスリで修正すると引き金を戻しても止まらなくなる。それから発射するさい首を振る。いわば欠陥機関銃だが、それをひた隠しにせず公表する。

公表すると、今までそのような欠陥機関銃を買いつけた責任者とかいろいろ表に出るが、しかしこの場合はそれが理想的な性能である。自衛隊の機関銃は発射時に首を振るのだから弾はどこへいくかわからない、心ならずとも当たるよ、と世界中及び社民党の人に言えば良い。こういう発表が一番効果的だ。そういうアイディアが欲しい。

また外務省が怒って、「土井たか子さん、自分で行ってみろ」と言ったら、行ったことは行ったが、本当の現場まで行かずにくるっと回って帰ってしまった。そういう政治家をもっと叩くべきだとも思う。

今まで話してきたようなことを言うと漫画チックだ、もっと真面目に仕事をしろと言われるだろう。だが戦争は、本来漫画チックなものだ。戦国時代の物語でも人形を並べる話があるし、第二次世界大戦でもイミテーションの飛行機を飛行場に並べたり、丸太棒を対戦車砲に見せかけたりした話がある。

「大和」もそんなトリックの材料に使えばよかった。巨大性は本当なのだから、それをもっと効果的に粉飾するのである。半分は本当で半分は嘘というのが、一番効果的なのに惜しいことをした。

第6章

インフラの充実と応用

日下 外圧で急に目覚めるのが日本

前述したが、日本は第二次大戦では新技術を生み出せなかったり、対応策のアイディアがなかったりした。しかし、日清、日露までは国力、技術力を高めている。それはなぜかと考えてみたい。

今の人にわかりやすく言えば、「太平の眠りを覚ます上喜撰（蒸気船）、たった四杯で夜も眠れず」で、「上喜撰」というのは上等なお茶の名前なのだが、ペリーの黒船が来てそれで目が覚めた。外圧を受けると急に目が覚めて動き出すのが日本である。

日清戦争の少し前、清国は*定遠、鎮遠という軍艦をドイツから買ってきた。そして、これで日本を脅かしてやろうと大阪や東京に来る。

日本はびっくり仰天する。つまり中国というのは孔子・孟子の国で、徳をもって周りの国を感化する聖人君子の国であると思っていたら、まるきりヨーロッパの真似をして帝国主義的に武力をもって我国を驚かすとはペリーと全く同じであると驚いた。だから対中国外交においても、やはり我国は実力がないと駄目で、怖いのはアメリカ、イギリス、オロシヤ、フランスだけではなくて、隣の中国も同じなのだと気付いた。

これを今の歴史家が言わないのが不思議で、帝国主義侵略の元祖は日本ではなくて、中国だと思う。それを見て、日本もやはり軍艦がなくてはいけないと思ったのだ。しかし、日本は貧乏だからそこまでしなくてよかろうという時に、明治天皇は御内帑金を下されて、「これで軍艦を造るように」とこう言われた。だから日本国民はみんな反対できなくて、食うものも食わずに軍艦を造ったのが、ちょうど日清戦争の役に立った。

それから日露戦争の時にはロシア艦隊は東京、大阪に来なかったけれども、目の前に旅順艦隊とウラジオストック艦隊があって、戦艦の力を背景にロシアは遼東半島を日本から取り上げてしまった。中国に返すためと言ったが、ロシアが自分で取ってしまったのだから酷い。

ここでまた日本の目が覚めて、戦争に勝った後でも大艦隊は必要だということになった。つまり日清戦争に勝ったけれど、その成果を横取りするロシアという国がある。勝った後も軍備が必要だと、もともと平和な日本人が身をもって教えられたわけだ。本当にいい教育をしてくれた。

それに続いて今度はアメリカが太平洋に出てくる。その*ホワイト・フリートと言われている太平洋艦隊が、日本だけを脅かしているわけではないという体裁を作るために世界中を廻る。これはハワイを取りフィリピンを取る、そのフィリピンを取るにあたって日本が反対しないように予め脅かしておこうという目論みだ。

もともと日本はフィリピンを取る気などないし、またアメリカにフィリピンを取るのを止めろなどと言う気もないのだが、脅かしてくれたので目が覚める。やはり太平洋に強力な艦隊が必要だと。

我々はこのようにいつも受け身で対応しているだけなのに、日本が侵略的だというのは向こうの宣伝である。それは戦後も同じで、日米自動車戦争でも、今の金融戦争でも、みんな向こうが殴ってくれるから、本来怠け者な我々も目が覚めてしゃっきりして働くようになる。だから今もいい具合で、もっとしっかり殴ってくれ、もっと不景気になってくれと思う。その後が怖いぞと言いたい。

＊定遠、鎮遠
日清戦争時に清国が保有していた二隻の戦艦で、当時の日本に今日では考えられないほどの脅威を感じさせていた。二隻ともドイツで造られ、排水量七四〇〇トン、十二インチ砲四門を装備。しかし開戦後の黄海海戦（一八九四年九月）で、日本海軍は高速の巡

洋艦を駆使してこれらを撃破し、大海軍創設への基礎を固めた。

＊ホワイト・フリートと言われている……
アメリカ海軍が一九〇七年十二月から翌年二月にかけて実施した大艦隊による世界周遊。目的は各国との親善とされていたが、見方によっては典型的な〈砲艦外交〉であった。より目立たせ、また暑さを防ぐ意味からすべての艦全体を白く塗っており、この名が生まれた。日本海軍はこの艦隊を歓迎したが、その一方で規模と実行力に脅威を感じたと伝えられている。

三野　日本はなぜ突然高度な技術を習得できたか

日下さんのお話は日本の海軍を強くしていったのが、まず最初に日清戦争の定遠、鎮遠で、それから一〇年後のロシアの極東艦隊（旅順艦隊とウラジオストック艦隊）、三つ目にホワイト・フリートの大遠征、それが原動力になっているということで非常にわかり易い。

日本という国が外圧にすぐに反応して、だんだん強くなっていくというのはまさにその通りだと思う。ただ戊辰戦争の例などを見てみると、幕府の艦隊も薩長の艦隊も予想以上にがんばる。日本はそれまで近代的な軍艦で闘ったことがなかったのに、函館海戦とか宮古湾の海戦になると意外と日本人というのは、それまで慣れていない軍艦を使って、かなり激しい闘いをする。

それまで千石船ぐらいしか扱ったことがなかったのに、黒船の軍艦で、あれは蒸気エンジンで外輪船だが、当時の勝海舟をはじめとする日本人はすぐそれに乗り換えができたのだろうか。

江戸時代に機械、つまり複雑なメカニズムとして何かあったかというと、天文の機械とかを別にすれば、火消しに使う手押しポンプぐらいしかなかったのではないかという気がする。それが急に外国の資料や図面を見ただけで、刀鍛冶とか錺職人たちがエンジン（蒸気機関）を作れるものかと気になるところなのだが。

日下　江戸時代にも入っていた海外情報

それは日本が江戸時代から、きちんと外国の技術の勉強を続けていたからだ。向こうの人に言わせれば、有色人種の中でこんな知的な人種がいたのかということだろう。それはそもそもその先入観が間違っているわけなのだが。

徳川吉宗の時から「蛮書取調所」というのがあった。外国を意味する「野蛮」の蛮という字をとって、「蛮書」というのは中国風の言い方なのだが、これが九段の靖国神社の正面にある大鳥居の左側の軍人会館のところにあった。そこには「蛮書取調所の跡であった」という石碑が立っているが、そこで日本人は大いに勉強していた。それは中国人もきちんと勉強していて、全部翻訳してくれていたからで、漢文で結構外国の本が読めたわけだ。

だから、ちゃんと一〇〇年間の歴史があった。まず中国語で書かれた翻訳本を徹底的に勉強して、そのうちに翻訳ではまどろっこしいと今度は長崎に行ってオランダ語を習って直接読んだ。そうするとまた半分以上は好奇心もあるのだろうが、蒸気エンジンというものがあるらしいが一体何だろうと、向こうの百科事典を読む。

そうすると「何だこれはやかんに湯を沸かしてその蒸気で走るのか。それなら自分たちでもできないこともない」というので、職人を呼んできた。これは愛媛県の藩の話だが、佐賀藩も同じだ。職人の方にしても珍しいから作ってみようと言って、何やら蒸気機関らしいものを造ってしまう。

ここで一番大事なことは「思想」で、造るためにはまず、「できるはずだ」と殿様も職人もみんながそう思わなければならない。ところが、ほかのアジアの人は思わなかった。また思わないようにヨーロッパの国は、うまく宣伝した。キリスト教徒で、しかも皮膚の色が白くなければこういうものは作れない、黄色い人はいくらやってもだめだという言い方をして、それを信じたのがほかの国の人々で日本人だけは信じなかった。

要するに、自分で作ってやろうと思うことが重要なのだ。アジア人の中で、俺も作ってみよう、俺でもできるはずだ、原理原則は世界中同じだと考えたのは日本人だけだということが重要なのだ。

日下 先物取引まであった江戸経済

明治維新にも急激なメカニズムの進歩があったが、それについても話しておく。幕末の頃ヨーロッパとつき合うようになって、日本がこれはいかんと思ったのは、ハードでは蒸気機関と火薬と大砲、ソフトではアメリカの自由主義と民主主義だった。これを採り入れようということになる。

蒸気機関とか火薬とか大砲のことは、前述のように百科事典であれ何であれ、勉強すれば自分でもできるはずだというプライドがあった。

社会制度のほうもなかなかよくできていた。徳川幕府は法治国家で何もかもちゃんと御定書に書いてあって、役人も職位権限が区分されていて、それは立派なものだった。縦横に統治機構ができていて、そんなに威張り放題の役人というのはない。裁判の制度や、所有権制度、家族制度とか、そういうものもみなある。だから国民はとても安心だったのだ。

それから識字率も高いし、みんな理屈を言うわけで、その理屈に負けない勉強をした武士がちゃんと政治をしていた。武士の知能程度は民主主義でない他の国の役人に比べると無茶苦茶に高い。だからペリーが来てもイギリスが来てもロシアが来ても、幕府の役人達は出先の浦賀奉行でも函館奉行でも立派に応待した。勉強もした。「あなた方はそういう考えでやっているのか、わが国はこういう考えだ」とちゃんと説明や議論ができた。それでこれは手強いなと思わせた。

それからさらに商業に関しては、財閥、工場生産、問屋も小売もあるし、金融、為替もある。凄いのは世界一進んでいた先物取引だ。先物取引の商売用語は、英語やオランダ語が入って来た時に、一つも新たに翻訳する必要がなかった。それは日本語のこれですな、あるいは大阪で同じことをやっていますと言えた。

日本になかったのは、もう少し自由を許せ、国民はもう少し政治上の自分の意見を出せということだった。これをやると合計ではイギリスより進んでしまうのだが。それを福沢諭吉が一生懸命に推進し、伊藤博文がブレーキをかける。

後は工業技術で、じつは蒸気機関はないけれども水車があった。日本はありがたいことに山国だから、いたるところに水車が作れるわけで、水車のほうが手軽でコストがほとんどタダだ。そして機構的には蒸気機関と似ている。

馬力が少し小さいけれど、イギリスより山が多いから、水車をもとにした製粉工場とか、製材工場、製鉄所とか、いろいろなものはもうあった。そこへ蒸気機関を当てはめればいいわけで、こんな国はアジア中になく、世界中にもないくらいだ。

鎖国で他国を侵略する気がないから造船だけは幼稚であった。だけどそれはただ幼稚なのではなく、日本の川から川を伝う内航海運業向けには立派に発達していた。

日本は国家としてのまとまりはたいしたものだった。江戸時代は武士が威張っていて、男尊女卑で、鎖国で、無知蒙昧で、野蛮で、貧乏で、と学校では教えられただろうが、それは間違っている。

第7章

情勢を戦力化するセンス

昭和20年4月7日、沖縄突入の際、アメリカの空母機から攻撃を受ける「大和」。魚雷11本、爆弾5発が命中し、最後を迎えた

三野　**大戦艦は武田騎馬軍団**

開戦と同時に「大和」が、半年遅れて「武蔵」が就役する。やはり当時の海軍の上層部には「大和」は最強と思っている人達が多かったから、これを待って開戦したのだろう。

「大和」ができてから問題になってくるのが、当然だが「海軍戦力の中心は航空機か戦艦か」という議論だ。日本の一部の士官、たとえば源田実などは「航空機がこれから伸びてくるのだ」ということを言っているが、やはり全体としては大艦巨砲主義だったのだろう。いや、実際問題としては日本だけではなくて、どこの国の海軍もそう思っていた感じがする。だからこの点に関しては、日本の上層部だけを責めるのは難しいのではないか。

確かにハワイの空襲は大戦果を挙げるが、あれで戦艦が四隻ぐらい沈められて、そのうちの一隻、「アリゾナ」は完全に破壊される。しかしアメリカの戦艦は停泊しており、そのうえ戦闘準備をしていないわけだから沈められるのは当然だという感じがする。

次に、ハワイ・マレー沖海戦の結果は、かなりの影響があったのではないかという気がしている。日本海軍は航空攻撃のみによって、完全な戦闘態勢下で航行中の「プリンス・オブ・ウェールズ」と「レパルス」を撃沈したのである。やはりここで戦艦と飛行機のどちらが強いか、誰の目にもはっきりわかった。これは単に、両艦を沈めたということ以上に、何か兵器の根本のところが大変化したのではないか。

どういうことかと言うと、日下さんの一番強い部分ではないかと思うのだが、たとえば武田の騎馬長槍軍団と織田信長の鉄砲隊による長篠の戦い。あの戦いまでは名の知れた武士の存在が、圧倒的に大きかった。

それ以前の戦いを見ていても、特に武田軍団は驚異的な強さであった。その騎馬長槍、要するに馬に乗って長い槍を持つという戦術で、このような戦い方をしていたポーランドの重騎兵などもヨーロッパを席巻する。

ところが長篠の戦いになると織田信長が偉かったのだろうが、雑兵の持っている鉄砲を有効に活用し、それにより結局あれだけ訓練した大騎馬軍団が全く能力を発揮しないまま全滅してしまう。NHKのテレビ番組などを見ていると、必ずしも史実はそうではなかったというのが最近出ているが。

さんざん訓練して充分な装備を持って、その分野で最強だったものが、名もない雑兵の、刀もろくに使えないような奴の鉄砲にやられる。ちょうどこのハワイ・マレー沖海戦は、そういうことだったのではないか。国家の命運をかけて造られている大戦艦はそれまで最強の兵器であったのに、出てきたら名もない飛行士の操縦する航空機によって全力を発揮できないまま消えていくという……。

このような今までと全く違う戦術で、訓練からいっても装備からいっても経験からいっても、圧倒的であった軍隊が急激に滅びるという例が歴史を見ていると幾つかある。

ポーランドの先程言った重装騎士団などというのは、調べてみると馬に六〇キロぐらいの鎧を着せ、自分も三〇キロぐらいのを着て、長さ四メートルという槍を持って、一時はヨーロッパを全部自分のものにするくらい凄かった。ところがジンギス・ハーンの騎馬兵のように軽装の革のチョッキだけを着て弓矢を持った、それこそ軍艦で言えば駆逐艦みたいなものに目茶滅茶にやられた。それ以後重装騎兵というものが存在できなくなってしまう。

同じような例が最近というか戦後ないかと思って調べてみたのだが、第四次中東戦争の時にあって、それまで重装だったイスラエルの戦車隊がアラブ軍のＡＴ３サガーという対戦車ミサイルによって大損害を受けた。

これらと同じように、訓練も装備も戦術も経験もすべて圧倒的であったものが全く力を発揮できないまま、名もないものに一挙にやられてしまうという闘いの一つがマレー沖海戦ではないかという気がしている。

日下　長篠の戦いの疑問

鉄砲か槍かという話には賛成だ。ただ長篠の戦い自体については、定説として言われているような戦いだったとは信じられない。

三段射ちにしても、何でそのような話を聞いてみんなすぐ信じるのか不思議だ。誰が考えても、三回に分けて撃ったら何か良いことがあるのか、発射弾数が減るだけではないか、と疑問を持ちそうなものだ。

簡単な計算を言えば、当時の鉄砲の射程距離は一〇〇メートルである。騎馬軍団が一〇〇メートルを突撃する時間が何秒か、これは地形による。もし畑で平坦であっても、その頃の馬は小さいから、十六秒とか二〇秒とかはかかるだろう。その二〇秒間に、次をもう一回詰めて撃てるか撃てないか。

どうせ一回しか撃てないのなら、必ず当たる二、三〇メートルの地点で一斉に撃てばいいだろう。それで撃ち漏らした敵がどうしても陣内に入ってくるというのなら、それは柵を作って、その柵の後ろに予備を置く、そのようなものだというならわかる。三回に分けて撃ったからといって、三倍撃てるはずは絶対にない。

　長篠の地形は、当然ながら攻めてくるほうは上り坂で、しかも水田地帯だからすごく時間が掛かるはずだ。だから間に合うというのなら、三段に分けずに三回撃てばいい。しかし、そんなところへわざわざ武田が突撃するはずがない。

「僕にはこのような質問があるのだけれど」と聞いた時に、答えられない人が堂々と本に書いている。僕は比較的著者に会えるから「あんたあんなことを本に書いているけど、こういうことはどうなの」と質問するが、全然答えられない人ばかりである。

　このごろは長篠は疑問だという著者が出て、それをテレビで放送した。本が出たからまた急にそれを紹介しているが、テレビ番組は今までずっと鉄砲の奇跡だとか、三段撃ちの威力というテーマで番組を作ってきた。その反省はない。

　ではなぜ突撃したのか。武田勝頼は馬鹿だったから「勝頼と名乗る武田の甲斐もなく戦に負けて恥を長篠」、それで話はうまくできてしまう。馬鹿だということにしてしまい、その分だけ織田信長は賢いということにしてしまえば、わかりやすいから広がる。

だけれどそうではなくて、勝頼はそんなに馬鹿なはずがない。

武田軍団も鉄砲隊は持っているから、性能や用法は知っている。織田軍が多数をそろえたことも知っている。

あれは「その振りだけでもいいから突撃せよ」ということだったのではないだろうか。織田信長の某重臣が、実は武田側と内通していて行動を起こす。直ちに内部で呼応して反乱するという打合せになっていた。ところがそれが織田信長の謀略だった。

それで武田の陣営では、「そういうことに引っ掛かってはいけません」「こんなところで戦うものではありません。兵をまとめて引き上げましょう」と進言したが、彼はみんなの意見を聞かなかった。鉄砲の威力よりも前に、そういう問題だったのだ、という方が私にはわかりやすい。

このように考えるのは私だけではないらしく、今から二、三〇年前の『歴史読本』で陸軍中佐の人が戦場へ行って、鉛弾が地面から全然出ないということを書いている。鉛は腐らないからその辺の田んぼからたくさん出るはずで、三千発を三回撃ったのだから一万発くらい落ちているはず。しかし、全く落ちていないし、落ちていたという言い伝えもないと彼は書いている。やはりこういうことを踏まえて議論しなくてはならないと思う。

三野　固定観念を捨てられない軍人

日下さんのおっしゃることはごもっともで、私も柵を造って三段撃ちをやったというのには少し首を傾けるところがある。ただあの時期から、騎馬長槍の時代が終わってしまったのは確かだと思う。

軍隊というもの、特に軍人は、「前の戦争ではそれで勝っているので、という戦術がやはり一番いいのだ」ということをすごく信じやすい人種だ。

日露戦争の後の第一次大戦で戦艦がそれなりに活躍し、そして大艦巨砲主義が正しいというので「大和」みたいなものを造ったということになるのだが、その直後にちょうどあのように簡単に「プリンス・オブ・ウェールズ」と「レパルス」が沈められたという事実には、日本海軍はかなりショックだったのではないかという気がする。

今まで絶対的な強さを誇っていた軍団で、騎馬長槍戦術によってどんな軍隊も打ち破れるというように信じていると、鉄砲がかなりの威力だと言われてもなかなか信じられない、というところが人間にはあるのではないか。

だから、航空機が将来大きな脅威になるというのは観念的にはわかっていても、不沈艦という何万トンもあるような軍艦が沈められるはずがないという考えから離れられず、結局「大和」みたいものを造ってしまったのではないか。

日下 理屈で考えられるのがエリート

同感。長篠の話は間違った伝説が多いということを、読者へのサービスに一つ提供してみただけ。ところでこういった話をしていて思うのは、情報は共有化されないとパワーにならないということ。

真珠湾のようなことを一番最初にやったのはイギリス海軍で、イタリアのタラント軍港でソードフィッシュという旧式の複葉攻撃機二〇機が戦艦三隻を擱坐《かくざ》させた。これが「イラストリアス」という空母たった一隻の戦果だった。

自分の国の海軍がやったことなのだが、その情報は当時のイギリス首相チャーチルやシンガポール辺りにいる海軍の軍人たちにまでは伝わっていなかったらしい。だから、「プリンス・オブ・ウェールズ」と「レパルス」を出撃させる時に、上空直衛戦闘機をどうしてもつけようというふうにならなかった。つけられなかったはずはないのだが、関係者一同の熱意がなかったのだろう。

日本海軍機の攻撃の際、上空にバッファロー戦闘機が一〇機でもいたら日本側にとって悲惨なことになっていただろう。絶えず一〇機つけるためには一〇〇機くらい用意していないといけない。それは確かになかなか大変で、実際にやるというところまで関係者の熱意にパワーがなかった。

それからこれも有名な話ではあるが、アメリカにもミッチェル*少将がいた。狂信的な空軍万能論者と言われた人で、彼は実際に捕獲したドイツ戦艦を爆撃して航空機の威力を実証してみようとした。この時アメリカ海軍から異議があって、あまり大きな爆弾を使ってはいけないと言う。いよいよその日か前日ぐらいになって、投下する爆弾は何ポンドのものにせよ、と言い出した。

だから戦艦一派というのは、戦争に対して忠実ではないのだ。本当の軍人なら、一〇〇〇ポンド爆弾も五〇〇ポンド爆弾も両方試してみなくてはいかんと思うだろう。それを、「五〇〇ポンドに限る、それ以上を使うな」というふうに妨害した。

当時の海軍の言い分にも理由はつく。一〇〇〇ポンド爆弾を持っていってぼかぼか落とせる大型の飛行機はまだないのに、今回の実験にだけそんな派手なデモンストレーシヨンをして国民を誤らせてはいけない、と。

だが、将来一〇〇〇ポンド爆弾を簡単に落とせるように飛行機は発達するのだ、とミッチェルは言っている。それも一理はあるのだから、両方やればいいのにそれをやらせない。万事をそういう政治的ショーに終わらせたのは、やはりアメリカを攻めてくる国などはないという意見が共有化されていたのだろう。それでも実験の結果やはり戦艦は沈んだのだから、その頃から航空機の優位性は証明されていた。アメリカではこのような実験の秘密は保たれないから、これは新聞に載っている話なのだが。

三野さんは、「不沈艦という何万トンもあるような軍艦が、簡単に飛行機に沈められるはずがない」という人間の既成概念はそう簡単には変わらないとおっしゃるが、私はそういう情報が共有化されてしまっていると言いたい。だから、みんな理屈できちんと考えろと言いたいのだ。

不沈艦が沈められるはずはないが、一〇発は駄目でも、二〇発ならどうだ、三〇発ならどうだ、というようなことを言うと、「お前はアメリカのスパイか」と言われてしまう。だから、海軍大学であるとか、軍令部、艦政本部でも、そのような理屈できちんと討論するということをしない。当然、いろんなことを理屈できちんと考えている人はいたが、それを海軍トップの山本五十六がやめておけと言う。

私は日本について本当に情けないと思うのは、真のエリートがいないということだ。エリートがいるはずの場所にもいない。いてもエリート根性というか、エリート意識が一般的でない。だから普通のその辺りにいるような人が大きな声を出すと、エリートがポストを追放されてしまう。

エリートだって我が身の損を覚悟で日本のためにモノを言っているのに、不穏分子だとか雑音だとか、あいつさえいなければ静かになると言われてしまう。そんな、全体のために自分に不利でも正論を述べるエリートを嫌がる人が半分以上いるような、軍令部とか参謀本部とかを作るな、と言いたい。

＊ビリー・ミッチェル
アメリカ陸軍の軍人で、航空優先主義を強烈に主張、一九二〇～三〇年代にかけて海軍と衝突した。特に戦艦の航空攻撃に対する脆弱性を指摘するあまり、軍法会議にかけられ、その結果降格されたほどであった。後に彼の主張の正しさは、実戦によって証明された。このことからミッチェルの先見の明を称え、名誉回復がなされている。一九三六年没。

三野　遊ばせていた戦艦

どうも太平洋戦争中の日本海軍は、戦艦をどのように使うべきか、わかっていなかったと言っても良いのではないか。

マレー沖海戦の後、アメリカ、イギリスは、この闘いの結果から戦艦が海軍の主力ではなくなった事実をはっきりと感じ取ったように思える。特に、アメリカ海軍にこの徴候が見られた。

たとえば、昭和十七年十月の南太平洋海戦では、戦艦「サウスダコタ」を空母の防空直衛艦として運用した。貴重な空母にピタリと張り付かせ、強力な対空砲火で日本軍の攻撃から守ろうとしたわけだ。

この戦術は、その後も引き続いて採用され、新型戦艦はもっぱら大型航空母艦のエスコートを主な任務とすることになった。またフィリピン攻略戦では、戦艦は輸送船団の護衛も引き受ける。

考えてみれば、戦艦を空母のエスコートに使うのは、なかなか優れたアイディアと言える。戦艦の対空能力は、あらゆる水上戦闘艦の中で最強だし、万一攻撃された場合にも大きな抗堪性《こうたん》（損傷に耐える能力）を発揮できる。

また、空母のすぐ側に図体の大きな戦艦がいれば、敵の飛行士はこれを目標とするかもしれない。その分、空母への圧力が減ることになるだろう。

ともかく、昭和十七年五月の珊瑚海海戦以後、空母が戦力の中心となった。したがって海戦となったら、できるだけ早く敵の空母を見つけ出し、やっつけてしまわなくてはならなくなる。

数百キロの彼方から多数の航空機を送り込んでくる空母と比べたら、戦艦の攻撃力などたいしたことはない。攻撃目標は一に空母、二に空母、三、四がなくて五が戦艦となってしまった。

そして、珊瑚海の後のミッドウェー海戦により、この状況はますますはっきりしてくる。つまり空母の活用が、そのまま海戦の勝利に結びつく。戦艦はすでに主役の座から転落し、あまり使い道がない。かといってすぐに退役させるのも建造費が高かっただけにもったいない。

こうなると、どのように使うのがベストなのか、アメリカ海軍は真剣に議論したはずだ。その結果、空母、船団のエスコートと敵の占領地への艦砲射撃に活路を見出した。

ところが一方の日本海軍は、戦艦をただただ遊ばせておくだけだった。ガダルカナル以後、戦艦による艦砲射撃など一度も実施しなかった。ところで、海戦らしい海戦がほとんどなかった昭和十八年に、高速戦艦「金剛」「榛名」を使って、ハワイ、ミッドウェー島への砲撃などできなかったのだろうか。

さらに空母の対空護衛にも消極的、もちろん船団のエスコートにも使わない。昭和十八年には「大和」「武蔵」をはじめとする一〇隻の戦艦があったのに、この全てが眠ってばかりいたと言ったら言い過ぎだろうか。

少なくともニューギニアへの補給作戦には戦艦を随伴させるべきだった。昭和十八年三月の輸送船八隻が全滅し、護衛の駆逐艦も四隻が沈められてしまったダンピール海峡の悲劇も、たとえ一隻でも戦艦がついていれば事態は変わっていたかもしれない。

アメリカ軍の飛行士だって、どうせ攻撃するなら輸送船よりも戦艦を狙うはずだ。この場合、戦艦一隻を失うよりも、輸送船八隻の方が間違いなく重要だった。

少々話が横道にそれるが、日本海軍は戦争のごく初期を除いて、船団の護衛ということを軽視していた。ほとんどの海軍士官は、速力の遅い輸送船を守って現れるか現れないか判らない敵を待つ毎日よりも、華々しく敵の大艦隊と闘うような任務を好んだ。この心境は決して理解できないわけではないが、任務の重要性から言えば、間違いなく船団のエスコートなのである。

別のところでも述べているが、アメリカ、イギリスの海軍は、ともかく船団護衛に熱心だった。敵の攻撃が予想されるような時には、輸送船の二〜三倍の護衛艦を配備している。空母はもちろん、戦艦まで張り付けて船団を守ろうとした。

日本の場合、戦艦がこの任務についたことなど皆無と言えるのではないだろうか。「大和」が陸軍部隊を乗せたことは二、三度あったらしいが。マリアナ沖海戦の際など、戦艦を空母群の前方に配して、敵の攻撃を吸収するような戦術も考えるべきだった。そうすれば少なくとも、もう少し有利に闘えたような気もしている。

この海戦の後、それなりの戦闘力を持つ空母も、また艦載機部隊もほとんどなくなってしまい、戦艦だけが無傷で残った。

日下　「大和」が作戦の邪魔をした

その通りだと思う。逆にアメリカはパールハーバーで戦艦を失い、その後のマレー沖海戦で戦艦が二隻沈められるのを見て、これからは航空機の時代だとはっきり認識したのだろう。身に染みたのだ。

パールハーバーで戦艦を沈められてアメリカが良かった点は、熟練した海軍士官、水兵が何千人も余ったという事実だ。沈めてもらえたから人員が何万人か余って、それがすぐ完成してくる新航空母艦の乗組員として使えた。

ところが、日本はこれができない。「大和」「武蔵」が沈まないから、優秀な乗組員はそこに張りついてしまって無駄飯を食っていた。だから「大和」「武蔵」は、ものすごく日本に損害を与えている。

時々、潜水艦の魚雷を喰らって「大和」が呉に帰ってくる。すると今やっていた大事な仕事を全部中止して修繕することになる。おかげで次の航空母艦の完成が遅れてしまうのだ。口では航空母艦の完成を急げと言っているが、「大和」が船腹に穴を空けて帰ってくると、空母はしばらく待てということになる。

このように、「大和」はほうぼうで戦争の邪魔をしている。海軍の軍令部や艦政本部には、口ではもう航空機の時代だという人がいただろうが、それが多数の意見にならないのだろう。だから日本のエリートは、まじめに戦争をしていなかったという気がするのだ。

それは今でもそうで、たとえばビッグバンなどは一〇年前にまさにやりかけていたことで、あの時にやっておけば大蔵省もこんなに叱られずに済んだ。その代わりに接待を受け続けることができて楽しかった。自由化すると接待と天下りがなくなるから。

三野　今の日本は〈戦艦「大和」〉か

いわゆるバブル崩壊後、日本の経済は悪化の一途をたどっている。それだけではなく、国の機構全体が揺らぎ、何を信頼すべきか判らないままである。

確かに我国は、莫大な外貨を持ち、技術の集積からいっても世界のトップクラスにあると言って良い。だからそれほど心配する必要はないと言う人もいる。また、昭和の金融恐慌、あるいは太平洋戦争に負けた後の焼野原を思い起こせば、現在の経済危機など取るに足らないと言うわけだ。

このどちらもそれなりに正しいと思うのだが、その一方で今回の危機はより深刻かもしれない。昭和の恐慌、敗戦では、気を取り直して懸命に努力すれば、その先には確実に明るい未来があるという確信が持てた。

もちろん、それには時間もかかるし、休むことなく働き続けなくてはならないが、それでも自分たちが何をすれば良いのかということがわかっていた。また努力すれば必ず報われるという思いが、我々を支えてくれた。そして回復は予想通り、いや予想以上に早かった。

ところが今、日本が直面している状況は、それほど単純なものではなさそうだ。単に経済的な不況ではなく、先に触れたごとく、社会の仕組みそのものが、時代の変化に遅れてしまっている。

この問題を本書の主役である戦艦「大和」に置き換えてみると、実によくわかる。「大和」は、それまで半世紀の間、海上の王者として君臨してきた〈戦艦の、あるいは大艦巨砲主義のシンボル〉だった。巨大な十八インチ砲は、国力の象徴としての重工業であり、十五メートル測距儀、一・二メートル探照灯、五インチ夜間双眼鏡などは、技術力の結晶と言える。

さらに最大三三〇〇名の乗組員はいずれもその分野のプロフェッショナルであって、太平洋の荒波をものともせず突っ走る姿は、一九八〇年代の日本そのものだった。つまり目の前に不安など、全くなかった。

しかし世界最強の十八インチ砲も、時代の変化と共にその威力を発揮する機会は全くなくなってしまった。一・五トンの砲弾を四〇キロ先まで射ち込める能力は確かに驚異的だが、大型爆撃機の方はその五倍の重量の爆弾を一〇〇〇キロも運べるのだから……。排水量七万トンの鉄の城も、一〇〇機の爆撃機にはかなわない。

また、いかに優れた測距儀、双眼鏡などの光学兵器、充分な訓練を積んだ乗組員でも、新兵器レーダーには全く太刀打ちできない。測定距離の差だけではなく、真の闇の中では光学兵器は無力なのである。一方、レーダーは明るさとは無関係に働く。

つまりこの、「飛行機と艦艇、光学兵器と電波兵器」の差は、技術の優劣ではなく〈次元が違う〉のである。こうなっては、従来型の技術的な進歩、徹底的な訓練さえ無力と言う他ない。

このような次元の違いによる段差、断層は、それぞれの時代にいくつか現れる。たとえば、

鎧に身を固めた歴戦の武者　対　名も知れぬ雑兵の鉄砲

飛脚や早馬　対　電信

帆船　対　蒸気船

といった具合に、古いものが最大限力を発揮しても、またこれまでの延長線上に位置する形の最高の技術を動員したとしても、新しいものには到底かなわないのである。

第8章 システムの正しい運用方法

三野 「大和」は万里の長城か

戦後に出版されたいくつかの書物には〈戦艦「大和」、無用の長物論〉とも呼べる記事が載っている。そしてまた、この時の「大和」は、万里の長城、ピラミッドと同列に論じられている。

明らかな軍事物である万里の長城と並べるのはわかるが、エジプト王の墓であるピラミッドがなぜ出てくるのかわからない。単に大きいものの比喩で取り上げられたのだろうか。

「無用の長物」とは、本来の日本語からいってそもそもおかしい。長物《ちょうぶつ》とは、これだけで「大きくて役に立たず、かえって邪魔になるもの」の意味であって、これにまた「無用」を重ねている。

それはともかく、確かに万里の長城を軍事的に見ると、この言葉が当たっている。あのような長さだけが長く、防御システムとしては貧弱な構造物を造ったところで、敵の侵入は防げない。二四〇〇キロの長さを誇っても、敵は攻撃を一点に集中できるのだから……。

しかも、あれだけ莫大な建造費をかけるのなら代わりに軍隊を強化すれば、まさに無敵のそれが誕生する。これは、子供でもわかるところだろう。

しかし人類は、これまでも多くの愚行を重ねていて、長城が後世に残ったことで秦の始皇帝はもって瞑すべきだと思う。北京周辺に残っている長城だけでも、年間に六〇万人近い外国人観光客を集めており、中国政府にとってこれこそ「外貨収集マシン」と言う他ない。

さて、日本の「大和」だが、これが本当に無用の長物だったかどうかの判断は何とも難しく、また考え方によって大きく異なる。しかも、戦争の中期以降明らかに役に立たなくなっている戦艦を保有していたのは、なにも日本海軍だけではない。アメリカ、イギリス、ドイツも戦艦を手放さなかった。しかし現実の問題となると、まさに〈無用の長物〉になりさがっていたように思う。

ただ、アメリカ海軍だけが、

旧式戦艦は上陸地点への支援砲撃

新型戦艦は空母の対空護衛

といった具合に運用していたが、どちらの任務も戦艦本来のものではない。

もちろん多少の役には立つが、とうてい巨額の建造費、その後の運用費用に見合うとは言い難かった。これは、どこの海軍であっても大同小異だろう。

「大和」「武蔵」「長門」といった大戦艦の存在価値が唯一認められる可能性があったのは、昭和十九年秋のフィリピン・レイテ湾をめぐる大海戦であるので、次にこれについて述べておきたい。

三野　汚名挽回の唯一のチャンス

昭和十七年五月の珊瑚海、六月のミッドウェー、そして十月の南太平洋海戦によって、海軍の主力こそ航空母艦であることが誰の目にも明らかになった。同時に、戦艦は脇役になり下がった。

そして十八年に入ると戦艦の出番はなくなり、トラック島、あるいは内地（日本本土）で無為に日を送るばかりだった。三〇〇〇人の「大和」、二〇〇〇人の「長門」の乗組員もまた、さらに忙しく動き回る巡洋艦、駆逐艦の人々もその感を強くしていく。そのような状況の中で、戦艦を無用の長物と嘆く空気が少しずつ広がっていったのかもしれない。

　また、昭和十九年初夏のマリアナ沖海戦―これは史上最後の空母機動部隊同士の決戦となったが―でも、戦艦部隊はほとんど活躍することなく終わる。当時の日本海軍は、「大和」「武蔵」「長門」をはじめ九隻の戦艦を残していた。

　そして十月、アメリカ軍はフィリピン奪回作戦を実行に移し、迎撃する日本海軍との間に史上最大の海戦が勃発する。これは*フィリピン沖海戦と呼ばれ、いくつかの海戦の集合体であり、その大要は、

　日本海軍は残っている四隻の空母を囮《おとり》として、アメリカ艦隊の主力を北に釣り出す

　この間、「大和」「武蔵」を中心とする戦艦部隊が、レイテ湾に集結している敵の輸送船団を攻撃する

というものだ。

　また、できればすでに上陸しているアメリカ軍を戦艦の主砲で壊滅させる。つまり、これまで惰眠を貪っていた戦艦群を敵の真っ只中に突入させ、その主砲の威力にモノを言わせる構想である。成功の確率は高いと思えないが、それにしても勇壮極まりない作戦と言えよう。

　結果から見ると、空母「瑞鶴」などを囮にした敵主力の誘い出しは、見事に適中した。

アメリカ海軍の新型戦艦、大型空母は、囮を攻撃するためフィリピンを離れて五〇〇キロも北上したのである。このスキを突いて、戦艦群はレイテ沖に突入する直前の位置まで進むことができた。

しかし敵の船団まであと一時間半の距離に到達しながら、理由がはっきりしないまま反転帰投してしまう。これは指揮官栗田健男の疲労の度合いが、あまりに著しかったためと思われる。

シミュレーション戦記などでよく取り上げられているが、もし栗田の艦隊が目的のレイテ湾に辿りついていたとしたら、勝敗は別にして歴史上もっとも激烈な戦闘が展開されていたはずだ。数十隻の輸送船、それを護衛する巡洋艦、駆逐艦の大群の中に、「大和」をはじめとする戦艦三、巡洋艦四、駆逐艦九隻が突っ込んでいくのだから……。

戦闘が少しでも長引けば、アメリカ海軍の主力が救援に駆けつけてくるのは明らかであって、そうなれば日本艦隊は間違いなく全滅する。したがって、それまでにどの程度戦果を挙げられるかにかかっている。

姉妹艦「武蔵」は、レイテ湾の手前ですでに沈んでしまっているから、残っているのは「大和」「長門」「金剛」の三隻であった。「長門」は十六インチ砲八門を持ってはいるが、少々旧式で足も遅い。また、「金剛」は速力こそ大きいが、主砲は十四インチである。結局、攻撃の主役は「大和」にならざるを得ない。

この時の「大和」は、度重なるアメリカ軍機の攻撃にもかかわらず、ほとんど損傷を受けていなかった。そのため、レイテ湾では思う存分十八インチ砲を射ちまくり、その能力を最大に発揮できたと思いたい。相手がひ弱な輸送船だから、十八インチ砲の砲撃どころか体当たりしても簡単に沈められたであろう。

このレイテ海戦における「大和」こそ、戦艦という史上最大の兵器がその存在価値を歴史に残す唯一最後の機会だったような気がする。

人間と同じで軍艦にも、必ず寿命というものがある。いつかは消えてなくなるといった事実は、どちらも変わらない。もしそうであれば、軍艦も人間も自分の持てる力を思い切り出し尽くしてみたい、と考えるのはごく自然なのではないだろうか。

そしてまた、「大和」の願いがこの海戦で叶えられていれば、〈無用の長物〉と呼ぶ者は一人としていなくなっていたはずだ。やはり何事においても、実力を存分に発揮できることは最大の幸せと言って良いのかもしれない。

＊フィリピン沖海戦／レイテ沖海戦

フィリピン諸島のレイテ島をめぐって、昭和十九年十月、日米海軍の間で勃発した大海戦。日本側の呼称は捷《しょう》（勝利の意）一号作戦。実質的にはエンガノ、サマール、スリガオ海戦といった闘いの総称である。日本側は合わせて二九隻を失っているが、これに対してアメリカ軍のそれは七隻にすぎなかった。これ以後日本海軍は大艦隊を運用するような作戦は不可能になってしまった。

日下　十八インチ砲を活かすソフト

あの時「大和」が、レイテ湾に突入寸前の段階からなぜ引き返したのかと考えると残念無念だ。友軍の西村艦隊がスリガオ海峡で全滅しているのに、自分だけ引き返すとは何ごとかと思う。

レイテ海戦の時、栗田艦隊は何も考えずレイテ湾に突入すべきだった。あれは沖縄戦よりも勝機があった。もう輸送船は荷揚げを終わって空船になっていて無駄だったと言う話だが、そんなことを言うなら沖縄突入の時だって、すでに上陸していたわけだから同じことだ。

マッカーサーはもう陸上に上がっていたと言うけれど、それを砲撃すればいい。もしかしたら当たるかもしれないし、陸上を制圧してタクロバンの飛行場を造らせないでいれば、それはそれで日本軍の航空隊が活躍できるだろう。

また、「北方に高速機動部隊がいるからそれと刺し違えて死ぬために北上した」と栗田が言い訳したという話があるが、それは全く矛盾している。二七ノットの「大和」が三三ノットのアメリカ空母部隊に追いつくわけがないのに、なぜそんな馬鹿なことを考えるのか。追いかける必要はなく、敵がこちらを探してかさにかかってやってくるのだから待っていればいい。事実、サン・ベナールディノ海峡のところで、後三時間待っていればちょうど会敵できた。スコールの陰にでも隠れて待っていればよかった。

レイテ沖海戦は*サマール沖海戦も含めて、「大和」の持っている実力が発揮できた唯一のチャンスだったのに、司令官と艦長がおかしいから失敗した。「大和」の艦長は三年半の間に五人替わっている。最後の有賀さんというのが五代目艦長だが、何でそんなに替わる必要があったのかと思う。

やはり平等人事で順番に回して、エリートになるために「大和」の艦長を一度経験せよということなのか。日本海軍の上層部は、何をやっていたのだろうと思う。そういうソフトが悪いと、いくら十八インチ砲をつけても駄目だということだ。

＊サマール沖海戦

レイテ海戦の中で行われた日本軍の戦艦部隊とアメリカの小型空母群との闘い。「大和」の主砲が敵艦に向かって火を吹いたのは、このサマール沖海戦の時のみである。しかしその戦果は決して充分ではなかった。またこの海戦の直後から、日本側は体当たり攻撃を実施するようになる。なお、この海戦での損失はアメリカ側小型空母二隻、日本側重巡洋艦三隻であった。

三野　戦艦を酷使したアメリカ、イギリス海軍

先の「大和」はトラック島に居座って何もしなかった、という説を検証したい。確かに行動記録を調べてみると、

昭和十七年の八月下旬～十八年の五月上旬

昭和十八年の八月下旬～同十二月中旬

といった具合に、この間ほとんど動いていない。もちろん定期的に訓練のため出港してはいただろうが、ともかくそれ以外は遊んでいたというか、休養していたというか、戦場から遠くに身を置いていた。

また、完成したばかりの「武蔵」も同じような状態ではなかったかと思われる。

昭和十七年の八月末といえば、実質的に太平洋戦争の天王山ともなるガダルカナルの闘いが始まり、徐々に激化する徴候を見せはじめた時だ。そして間もなくこの海域で、日本海軍の高速戦艦がアメリカの新戦艦と交戦する。

さらに十月には、空母部隊の闘いである南太平洋海戦も勃発し、どちらの側も大きな損害を出す。また巡洋艦、駆逐艦群は日夜、死闘を繰り広げていた。

それにもかかわらず、日本海軍最強の戦艦「大和」「武蔵」はもちろん、その次にくる「陸奥」「長門」も全く出撃していない。そこにいるだけで、大量の重油を消費し、もっとも高度な訓練を受けた将兵を乗せたまま何もしなかった。この辺りは、日本という国家が現在のような危機的な状況になるまで何もしないままでいた政治家、高級官僚、そして一部の経済人にそっくりだと言ったら叱られるだろうか。

この時、アメリカ海軍は戦艦を酷使した。ガダルカナルへ直接投入しただけではなく、船団、空母機動部隊のエスコートなど休む暇もないほど駆り立てている。

もっと凄いのがイギリス海軍だ。一九四二年、イギリスが地中海の真ん中に確保していたマルタ島に危機が迫る。イタリア軍に加えてドイツ軍までがこの海に姿を見せ、マルタ島を無力化しようとしていたのだ。

　そのためイギリスは西のジブラルタル、東のアレクサンドリアから強力な護衛をつけた大船団を送り込み、これによって大規模な海空戦が次々と勃発する。そしてそのたびごとに、船団もエスコート部隊も大損害を受ける。

　戦艦、空母もあるものは沈められ、あるものは大破し、マルタの運命は風前の灯となる。それでもイギリスは輸送作戦をやめない。

　ついに戦艦の数が完全に不足すると、なんと超旧式の練習用戦艦「センチュリオン」にまで対空火器を積み込み出撃させる。この戦艦の誕生は、実に第一次大戦の直前という古い軍艦だった。しかも、イギリス海軍は「センチュリオン」に対し常に輸送船の近くを航行し、ドイツ、イタリア空軍の目標になるべく行動するように命令する。

　つまり、意識的に戦艦を商船、輸送船の身代わりにしたのだ。最重要拠点マルタのためには、イギリス海軍はこれほどの努力を払った。時には、わずか六隻の輸送船のエスコートに戦艦一、空母二、巡洋艦三、駆逐艦九、掃海艇など一〇隻など、合わせて二五隻を動員している。

　当時のイギリス海軍は、北海、北極海、大西洋、地中海で枢軸海軍と闘っていたので、戦力は不足し、戦艦群も三ヵ月の間ほとんど休むことなく働き続けていた。たまに港に入っても食糧、燃料、弾薬を積みすぐに出動する。これは旧式の戦艦でも、新しいキング・ジョージ五世級でもかわらなかった。イギリス海軍は、持てる艦艇を駆使することによって勝利を得たと思う。

これと比べれば、もっとも強力な戦艦群である「大和」「武蔵」「長門」「陸奥」はガダルカナルの闘いの間、何をしていたのだと言われても仕方のないところだろう。

日下　戦艦は重油を食う

三野さんもご存じだと思うが、なぜ「大和」があの時にガダルカナルへ行かなかったかという話がある。行けばアメリカの新型戦艦「ワシントン」「サウスダコタ」に圧勝して、その結果中間選挙ではルーズベルトも落選し、新大統領になって講和条約が結べたかもしれないという、ある意味では楽しい話になる。

これに対する山本五十六の答えは、ガダルカナルへ往復するだけの重油がなかったというものだった。戦艦は重油を食う、という変な回答なのだ。

それなら、もっと前からトラック島に重油を貯蔵しておかなければいけないのに、なぜそれをしなかったのかというと、油送船が足りなかったからだ。油送船が思ったよりもたくさん沈められたとか、油送船の建造が追いつかなかったとかの言い訳をする。

しかもこの話は昔から出ているのに、そうなるまで誰も手を打っていない。油送船などの補助艦は後回しという常識に流されて、結局戦艦が動けないことになってしまった。

これをもっと遡って考えれば、「大和」は蒸気タービン式で、ディーゼル・エンジンを採用していない。ディーゼル・エンジンを使っていれば重油を食わないのだから、ガダルカナルへ行っていたかもしれない。

そうすると、「ディーゼルは故障を起こすかもしれないから駄目だ」と言って不採用にした平賀譲の一言で日本は戦争に負けたとも言える。遠因を探っていくとこのようないろいろなことが考えられる。

万が一を考えれば平賀譲のように保守的になるわけで、保守的なのもまた良いことではある。だがそれならばそれで、「大和」というのはトラックにいるが、遠くには行けないのだときちんと考えるべきだ。そもそも油が足りなければ、ガダルカナルで作戦を起こさなければいい。きちんと考えないのが間違いなのだ。

三野　惰眠を貪った「大和」「武蔵」

もう少しガダルカナルの闘いの話を続けたい。昭和十七年の夏から約半年間、南太平洋にある面積はちょうど四国くらいの島をめぐって、日米の海軍、陸軍、海兵隊が死闘を繰り広げる。海戦について言えば、戦果、損失ともほぼ等しく、引き分けなのだが、結局アメリカはガダルカナル島を確保した。

地図を見ればすぐにわかるが、この周辺の海は多島海で、浅瀬も多く、かつ海流も複雑、そのうえ満足な海図も作られていない。しかしアメリカ海軍は敢然として、二隻の新型戦艦「ワシントン」「サウスダコタ」をこの海域に送り込んでくる。それも夜間の戦闘だ。

当時、最新鋭のアイオワ級はまだ就航していなかったから、この二隻はまさに虎の子だった。一方、日本海軍も戦艦を投入しているが、これは速力こそ大きいものの、旧式のものばかりだった。

十一月の第三次ソロモン海戦で、日本海軍の「比叡」は二隻のアメリカの新戦艦と闘い敗れる。これは当然で、アメリカ側の戦艦は十六インチ砲九門、「比叡」は十四インチ砲八門だから、まともに射ち合っても勝てるはずがない。

ともかく多くの悪条件を知りながら、貴重な新型戦艦二隻をガダルカナルに送り込んだアメリカ海軍の決断はすごい。先の「霧島」、この「比叡」の喪失によって日本軍にこの島の奪回をあきらめさせたのだから……。

日本海軍の首脳陣は、「大和」「武蔵」はもちろん、「陸奥」「長門」もあの海域に持っていくのは躊躇した。

アメリカと同じような決断がイギリスにもある。第二次大戦初期のノルウェー戦の際、戦艦「ウォースパイト」を幅がきわめて狭いフィヨルドに派遣している。この戦艦の全長は一九五メートル、フィヨルドのもっとも狭い部分は八〇〇メートルしかなく、とても自由に動けるような海域ではない。

しかしイギリス海軍は、ここに停泊しているドイツ駆逐艦隊を全滅させるため、危険を省みず「ウォースパイト」を出撃させた。そしてついに目的を達成する。「ウォースパイト」は旧式戦艦ではあるが、それでも堂々と満足に身動きがとれないような海面に侵攻するところは、やはり伝統だろうか。

日本海軍も日清、日露戦争で多くの勝利を得ているし、闘志という点からはアメリカ、イギリス海軍に劣るとは思えないが、それでも持てる兵器を惜しみなく使うという点からは差があった。それとも、アメリカ（二九隻）、イギリス（二五隻）は戦艦をたくさん持っていたのであまり気にせず、必要であればどこの戦場にも気軽に投入できたということなのか。

これと対照的なのが、大戦後半のドイツと言える。「大和」「アイオワ」とほぼ同等の能力を持つビスマルク級の二番艦「ティルピッツ」を完成させておきながら、全く使っていない。ノルウェーのフィヨルドに隠したままで、出撃したのはたった一回だけだった。それもイギリス領の小さな島を砲撃しただけですぐに引き返し、戦果と呼べるものはない。後はただただ身を潜め、全く何もせず、このような状態を惰眠を貪るというのだろう。

大体、戦艦一隻を造るには国家予算の一パーセント弱を必要とする。戦争は激しくなるばかりなのに、これだけの金と労力を費やした戦艦が眠ってばかりいられたのではたまらない。そのあげく「ティルピッツ」はイギリス軍の爆撃機に停泊したままの状態で沈められ、一〇〇〇人を超す死者まで出している。

三野　戦争には狡猾さも必要

戦争は確かに国家の命運を左右する。多くの人が死に、あるいは傷つき、国の大部分が焦土と化すことさえある。そのため戦争に対しては、ともかく真剣に取り組まなくてはならないのは今さら言うまでもない。

しかし、いつも真っ正面から闘うばかりが勝利への近道ではない。ある時には、いくつもの謀略を駆使し、罠を仕掛ける。さらには、利用できるすべてのものを利用するといった能力も必要だ。

このあたりとなると、イギリス人のもっとも得意とするところで、一例を挙げれば、第一次、第二次大戦の際、植民地としていたインドの人々を大量に動員している。資料によって異なるが、第一次では一三〇万人、第二次でも六〇万人のインド人がヨーロッパに送られ、ドイツ、イタリア人と闘っている。

日頃から支配、搾取されていながら、そのイギリス人のためにはるばるヨーロッパに出かけ、自分たちとはなんら関係のない敵と闘って血を流すなどあまりに理不尽ではないか。

少々本題からはずれてしまったが、日本軍はもう少し狡猾に闘うべきだったというのがこの稿で言いたいところだ。たとえば沖縄への出撃に際して、少しでも成功させようとする努力の不足を問いたい。

アメリカ軍が沖縄へ来襲したのが昭和二〇年四月一日で、大和部隊の出撃はその一週間後だ。そして航空特攻と「大和」だけが、強大なアメリカ艦隊を撃滅できるかもしれないと思われていた。

とすれば、なんとか「大和」を沖縄まで辿り着かせなくてはならない。九州から沖縄まで海路では約一〇〇〇キロだから、平均二〇ノット（約四〇キロ／時）で走れば、丸一日どうしてもかかってしまう。したがって、空母艦載機の飛行できない夜の闇を、ずっと利用し続けるわけにはいかない。

こうなると作戦の成功の鍵は、

充分な数の護衛戦闘機をつける

アメリカ空母の艦載機が飛べないような荒天を選ぶ

ということに限定される。

しかし先ほどの「戦争には狡猾さも必要」ということから、レイテ海戦を見習って再度囮を使うことは無理だったのだろうか。

この囮として適当なのは、なんといっても航空母艦で、戦争中の太平洋上において、日本、アメリカ海軍とも目の敵にしていたのが、まさにこれだった。空母を持たない艦隊などその戦力は無視しても良い、とするほど「浮かぶ飛行場」とも言われるこの威力は大きかった。

もちろん昭和二〇年の春の時点で、日本軍に動ける航空母艦はほとんどなかった。だから大和部隊の囮として出動させることは不可能で、これは厳然たる事実であった。

しかし、ここで言おうとしているのは本物ではなく偽装空母である。できれば五〇〇〇トン、無理なら二、三〇〇〇トンの商船のマストを取り払い、ベニヤ板の甲板を張り付ける。そして、そこにこれまたベニヤ製のニセの航空機、あるいは飛行不能の戦闘機を並べる。

同時に船倉には空のドラム缶を大量に積み込み、攻撃を受けて浸水が始まってもすぐには沈まないようにする。乗組員は最小限に減らし、ともかく動けば良い。このような改造なら、昼夜を問わず取りかかれば最低一週間で仕上がるだろう。

この偽空母二、三隻に護衛駆逐艦をつけて、「大和」より一日早く佐世保から出港させる。そしてアメリカ機動部隊の囮として使う。もちろん、なるべく荒天の日を選ぶことも重要だ。晴天の真っ昼間、これを仔細に眺めれば本物でないのはすぐに見破られる。

その一方で、日本海軍が偽の空母を持っている事実にアメリカ側が気付かなければ、この囮の効果は絶大と言って良いと思う。

沖縄周辺のアメリカ海軍としては当然のことながら、「大和」より二隻の空母の方を脅威と感じるのではないだろうか。「大和」を中心とする水上戦闘艦隊も接近してくる、との報告を受けたとしても、まず最初に攻撃するのは囮の空母のはずだ。

繰り返すが、九州から沖縄までの時間は丸一日、その半分が夜である。このうち商船改造の偽空母が五、六時間、艦載機の大群を引きつけておいてくれれば、「大和」の沖縄到達の可能性は極めて大きくなる。

戦史に興味を抱いているごく普通の日本人の一人として、なんとか夢の中だけでも「大和」以下九隻を沖縄に辿り着かせたいと考えて、その手段を考えてみたのだが、読者諸兄の感想はいかがだろうか。

さて、先のイギリス軍だが、第一次、第二次の両大戦中、Ｑシップと呼ぶ囮の商船を多数建造した。これは一見、非武装の普通の船に見えるが、実は多くの大砲、機関砲を備えている。ドイツのUボートが、良き獲物とばかり襲ってきた際、隠し持った兵器でそれを仕留めるという戦術であった。

また、貨物船改造の〈仮装巡洋艦〉なる軍艦については、日・独・英海軍も使った事実が残されている。

日下 ミッドウェーで「大和」は「参加賞」

三野さんの話はいつ聞いても面白い。沖縄戦に偽空母とは感心してしまう。

さて日本は、ミッドウェーでも「大和」を含めて戦艦部隊をはるか後方に置いていた。これは、乗組員たちに戦時手当をやるためだった。ミッドウェー作戦に戦艦部隊も参加した、というと手当が出る。手当がでて、参加賞という勲章が出る。軍人が制服の胸にべたべたと貼り付けている略章は、ほとんど「参加賞」だ。

これについて有名な話として、一九九六年に銃で自殺したアメリカ海軍作戦部長の事件がある。初の水兵からのたたき上げ作戦部長として、海軍制服組のトップにあったジェレミー・ボーダ大将は、「ベトナム戦争功労者の勲章を二つもつけているがインチキである。彼は実際にはもらっていない」と糾弾されたから自殺した。

軍人はそういうことが、死に値するほど大切だ。幅二、三センチの勲章が一つ増えるだけなのに、みんなが増やしたいと思っているから監視の目がきびしい。ベトナム戦争で功労を残すということは、それだけ命の危険があることで、彼はもらっていないにもかからわずつけていたので叱られた。勲章自体はどこかへ行けばきっと買えるのだろう。

戦艦部隊はミッドウェーにもハワイにもマレー沖にも参加してないのは可哀相だという配慮で、ちょっと出てちょっと帰る命令を出してもらった。戦闘力としては全く期待されていない。実際、戦艦部隊の将兵は何もしていない。しかし、参加賞をもらった。これを付けていれば、それなりにベテランだと見られる。

どうもこの頃の日本海軍は、本気で戦争をしていたとは思えない。重油の無駄である。

第9章

運命と評価に見る人間関係

アメリカ海軍機の集中攻撃により、転覆と大爆発を起こした大和の最後

日下　現代に通じる計画と現実の落差

アーマー（装甲板）の材質になるVHというすごい鋼鉄がイギリスで発明され、MNC鋼、CNC鋼と言うがそれを輸入し分析して、さらに改良したものを日本も造った。これを使うと同じ二三センチの厚さでも対弾力が増えて、今までだと二五〇キロ爆弾くらいまでなのが、五〇〇キロ爆弾まで耐えられると大喜びをした話がある。

ところがそうそううまく五〇〇キロ爆弾が落ちてくることはない。もしも、八〇〇キロ爆弾が落ちてくれれば五十歩百歩だ。これが計画と現実の違いということで、現実は一つしかないと言うところが味わい深く、感無量だ。

*吉田満の『戦艦大和ノ最期』の中に「集中制御室に敵の魚雷が命中して、一挙に駄目になった。長い間さんざん訓練してありとあらゆる場合を想定してきたが、こんな酷い場合は想定外として訓練してこなかった」とあの名文で書いてある。訓練は何十回もしたけれど、実際はこんなことになるのか、こんな酷いことがいきなり最初にドンと来て、それのみがただ一つの現実とは……、と嘆いている。

「大和」には他にも弱点があって、副砲は巡洋艦のものをそのまま載せたため砲塔の天井の装甲が全く薄く、そこが弱点だと言われていた。そこへ敵の爆弾が当たれば大事《おおごと》だった。しかし、結局そこには当たらなかった。

戦記物を読んでいて味わい深いのが、この計画と現実、あるいは人間の計らいと現実との違いという点で、これは我々の人生とか会社経営などにもたくさんある話だ。

今、会社の中で繰り返される風景は、こういう場合にどうしますか、ああいう場合にはどうしますかと部下が聞いて、上役が何か言えばその指示に基づいて対策をとるということだろう。でも部下が何か言った時、上役がそんなことは起きるはずがない、そこまで考えてやっていられるか、と無視してしまえばそれで終わりだ。

＊吉田満（よしだ　みつる）
学徒出身の海軍少尉として「大和」の最後の出撃に参加、九死に一生を得る。任務は電測士（レーダー手）であった。終戦後、『戦艦大和ノ最期』と題する手記を発表し、大戦艦の終焉を広く世に知らせることとなった。また、この手記の文章、文体が簡潔にして美しく、戦後の戦記文学の代表作とされた。吉田は後に日本銀行の監事としても活躍した。昭和五四年没。

三野　誤算が次々と起こるのが現実

人間の一生にも〈運〉は必ず付きまとう。私自身は正直なところ、宗教、占いといったものにほとんど興味も関心も持っていないが、運の良し悪しについては否応なく感じざるを得ない。

さて、英語では船は女性名詞だから彼女と呼ばれる。戦艦のような、見るからに無骨な鉄の塊であってもそれは同じだ。そして彼女にも好運、悪運がついてまわる。先ほど、設計者、用兵者が思ってもみない形で戦艦が損傷を受けるという話が出たが、これがいわゆる〈運〉なのではないか。

例を挙げれば、ドイツの巨大戦艦「ビスマルク」の場合、一発の魚雷が舵に命中し、完全にこれを破壊した。このためエンジンをはじめ、他の部分が無傷なのに動けなくなってしまった。

イギリスの「プリンス・オブ・ウェールズ」の場合、一番大きな浸水を引き起こした魚雷というのは、プロペラシャフトを抑えているスケグ（支持金具）に当たった。この時シャフトが折れてしまえば、それはそれでよかった。シャフトの軸の中の空間の面積などたかが知れていて、これなら容易に浸水を防ぐことができた。しかし実際にはシャフトは折れないまま暴れ回ったため、それで艦底に大きな穴があいてしまった。そこから一気に水が入ってきて手の打ちようがないまま沈んでしまったのだ。

また巡洋戦艦「フッド」は、もっとも装甲の薄い部分に「ビスマルク」の砲弾――それもたった一発だけ――が命中し、内部爆発を起こし轟沈した。乗組員は一五〇〇人もいたのに、助かったのはわずか三人だけという悲劇だった。

そういえばガダルカナルで沈んだ日本海軍の「比叡」も、機関は最後まで全力発揮可能だったのに舵をやられて動けなくなり、結局自沈せざるを得なくなってしまう。

日下さんのおっしゃるように、戦闘では用兵者というか設計者がこういう事態など起こるはずがないと思うことが次から次へと起きる、というのが現実なのかもしれない。

このような状況を知ると、ますます〈運〉というものの大きさがわかる。だからといって、自分自身で運を左右できるわけではないが。

「大和」「武蔵」について言えば、あまり運とは関係なかったと言えるかもしれない。それなりの戦闘力を発揮しながら、定められた運命によって姿を消したのだから……。

三野 ツキを呼ぶのも勝利の条件

戦艦にも運がついてまわるという話をしたが、海軍自体にも我々の人生と同じようにツキというものが確かにあるように思う。

ツキのなかった典型的な闘いが、昭和十七年六月のミッドウェー海戦だが、それから半年たった昭和十八年以降、日本海軍はすべてのツキから見放されてしまう。ツキをもう少し品のいい呼び方でいえば、好運、勝利の女神と言っても良い。ともかく昭和十七年十一月のルンガ沖夜戦の勝利以後、幾多の海戦を闘いながら一度も勝てない。

時にはアメリカの小型空母や巡洋艦を沈めるのだが、大型／正規空母、戦艦は全くやっつけられなかった。これに対してアメリカ海軍は、まさに日頃の訓練のごとく日本の大型艦を撃沈する。

ガダルカナルの闘いまで、対等に闘ってきた日本海軍のこの落差は信じられないほど大きい。この原因は、冷静に分析すればレーダーの有無、戦力の違い、将兵の技術の差などが挙げられるだろうが、何か他に運命のようなものの存在を感じさせる。さもなければ、マリアナ沖海戦、レイテ沖海戦などの大敗は信じられない。

戦争、戦闘の勝敗は、両軍の判断ミスの大きさによって決まると言われている。これは確かにそのとおりだが、先のレイテ海戦のおりにはアメリカ側は日本海軍より多くのミスをおかしている。

日本側はそれを全く見逃してしまい、何度かあった勝利の機会をしっかりと掴まえることができなかった。これもまたミスと言えるが、言い換えればあまりにツキがなかったのだ。またマリアナ沖海戦では、緒戦で小さな同士討ちを演じたものの、先制攻撃に成功したのは日本側だった。それでも勝てなかったが……。

戦争ばかりでなく、スポーツ、経済活動をはじめとして、我々の人生についても〈ツキ〉の存在はあまりにも大きい。そして不思議なことに、ツキというものをきちんと追求した学問、研究はこれまで全くなされていない。

単なる偶然とか、好運とか、といった言い方で片づけられてしまっているが、そろそろ科学的に〈ツキの研究〉が行われてもいいのではないか。その際、太平洋戦争後半の日米海戦が絶好の材料になる。ツキの存在を別にすれば、なぜあれほど日本海軍が惨敗したのか、わからないままに終わりそうだ。

この全く反対の例が、日露戦争である。この戦争では、八月十日の海戦、蔚山《うるさん》海戦、日本海海戦などがあるが、すべてについて日本側が勝っている。そして海戦の各所で日本側に好運がついてまわった。つまりツキは常に日本側にあった。これは、当時の人々が口にしたように〈天佑神助《てんゆうしんじょ》〉だったのか。

日清戦争は清の最後の時代だから国としての力もなくなっていて、それで海軍もほぼ国力にそっていたため、二隻の大きな軍艦を持っていても日本海軍との大海戦には勝てなかったというのはわかる。

しかし、日露戦争になってくるとロシア革命の直前ということで、いろいろ問題があったにしても、軍艦などを見るとロシア艦隊は最高のものを揃えていた。そして戦力からいっても全部足せば日本の二倍くらいあり、日本が勝てたのは奇跡に近い。私の知識はせいぜい『坂の上の雲』や、ロシア人の書いた『ツシマ』などから得た程度なのだが、本当の勝因はどこにあったのだろうか。やはり〈ツキ〉もあったはずだ。

それはそれとして組織論からいくと日本の海軍の場合は、乗員の訓練から兵器の開発、戦術の研究と第二次世界大戦勃発直前までは、かなり成功してきたのではないか。特に日露戦争の場合、戦術の成功などいろいろあるが、組織が非常に堅実に作られていて、それが実戦の際に活かされたという感じがしないでもない。

日下 本当は運が良かったから

日清、日露戦争でなぜ勝てたか、というような話をする時は必然論を言わないと大衆受けしないし、賢く見えないわけで、何やら理由をいっぱい集めてきて、勝つべくして勝ったことにしてしまう。そうすると読者も良い本を読んだような気になる。だけど大体は運がよかったと、素直にそう言ったらどうなんだと思う。

たとえば黄海海戦（八月十日の海戦）では、日本の砲弾が一発、たまたま敵の旗艦の司令塔に当たって、その後勝利が転がり込んできた。

日本海海戦になると正面からぶつかった闘いだから運だけではないという反論もあるだろうが、そうとも言えない。運だという本を書こうと思えば書けるということで、両方を知って比べてみなさいと言いたい。

私が育ってきた時代には、運だと言う本は一冊もなかった。そういうことを言うと、お前は日本が嫌いなのかとか、敗北主義者なのかとか言われてしまうためだが、本当にあの日本海海戦を闘った本人は、これは相当程度運だったと言っている。

秋山真之参謀が書いた*『連合艦隊解散の辞』というのがあるが、あれを読んでみるといい。「これで油断するな」という血が滲むような挨拶で、実際彼は間もなくへとへとに疲れて死んでしまう。だから本当に働いた人は死んでしまって、いい加減にやった人がその後、伯爵とか侯爵とか元帥とかになっている。

だから本当に働いた人は必然論にならない。人事を尽くして天命を待つということで、うまくいったなあ、もう二度とこんなにうまくいかんだろうなという本音を言う。しかし、働かなかった人にはそんな実感がない。

それから運がよかった人ほど運の力を認めない。自分が社長になったのは運ではない、実力だと考えたがる。そこで運に関する事実は歴史から消してしまうわけだ。その方が後進の教育用に使える形になる。「努力せよ」とか「一心岩をも通す」とか。

日本経済がアメリカ経済に勝ったのを必然にする議論が、この二〇年ぐらい流行った。私はまた一緒だなあ、と『朝日新聞』に書いたことがある。日本の産業がアメリカに勝ったのは、電気製品と自動車と工作機械と半導体の四つだけだ。後は全部負けている。それなのに四つだけ勝ったのを日本民族には底力があるという話に広げてしまう。そこまで広げるのは、この前の戦争の時と同じだ。

真珠湾で日本が勝った話はみんな大好きだが、あの昭和十六年の時点で日本がアメリカと比べて勝っているのは海軍機動部隊の、それも航空隊だけで、後は全部劣っていた。その優れているものだけをこっちから持っていってハワイで闘ったら勝った、というそれだけのことなのだ。

総当たり戦になったら必敗で、本当のところ海軍の人はそれがわかっていたが、日本的に人の和を重んじて「いやいや水上部隊全部、お前たちもアメリカに勝っておるんである。ぶつかれば勝つのである」とそういう教育をした。

海軍が「水上部隊も水中部隊もこれからぶつかるアメリカに勝てるんだ」と言うと、陸軍も「いや海軍だけでない陸軍だってぶつかれば勝てるはずである」と言う根拠は、日本民族の優秀性とかになる。それしかない。必然論はこういう具合にして広がって悲劇を生む。今の不景気がそれである。

＊『連合艦隊解散の辞』

日露戦争勝利の後、一時的に連合艦隊を解散するにあたって司令長官である東郷平八郎が述べた訓辞で、秋山参謀が書いたと言われている。「勝って兜《かぶと》の緒を締めよ」と平時にあっても警戒と訓練を怠るなということを改めて訴えた。

第10章

人間集団における個性

日下 「陸奥」「三笠」は味方の水兵が沈めた

海軍礼賛論というのが戦後ものすごく流行った。これは陸軍へ行って酷い目にあった人が多いから、それに比べて海軍はもう少し良かったという話である。それから当時の陸軍は日本そのものだったのに比較すると、海軍はイギリス風にできていたので社会一般よりハイカラだった。

また海軍は学徒出陣で行った士官の比率が高いということもある。戦後モノを書く人はみんな元士官で、一番下の兵隊は戦後も文字を書かない。

学生は行ったらいきなり少尉・中尉にしてもらえて、将校はイギリスの貴族並みの待遇だから、彼らは本当に舞い上がった。だから海軍はいいものだと思ってしまって、生きて帰って来た人は得意になってそういうことを書いている。それが海軍の主計大尉であった「中曾根康弘を囲む会」みたいなものになっている。

我々日本人は戦後自信をなくしていたから、何か一つくらいは希望が欲しかった。そこで、陸軍よりは海軍の方がいい、海軍の中では航空隊はよく頑張ったということになる。そのとおりだけれど、みんなでそっちの話の方へ飛びついてしまった。

海軍礼賛論を書こうと思えばもちろん書ける。しかし、海軍だって酷いという本も書ける。たとえば海軍もやたら兵隊を殴ったのであり、それは陸軍より酷いが、そういう状況を書いた本が少ない。

連合艦隊の参謀と、「連合艦隊はなぜ負けたか、こうすれば勝った」という話を一晩たっぷり対談したことがあった。大体話が出尽くした後で私が「ところで海軍はどうして、あんなに水兵を殴ったのか」と聞いてみた。

海軍は殴って殴っていじめる。陸軍はある程度手加減がある。なぜかと言うと兵隊は鉄砲を持っているからだ。いよいよ戦闘で撃ち合いになると「弾は後ろからも飛んでくるぞ」というところが恐い。将校が前へ出て「突撃」と言うと、後ろから味方の兵隊が撃ってしまう。だから内地で半年間か三ヵ月間はしごくが、戦地へ行ったら兵隊が武器を持っているから、あまり無茶苦茶なことはできない。

ところが軍艦の中では、下っ端は武器を持っていないし、部屋に閉じ込めてある。いじめ放題いじめられるから、実に陰惨で酷かった。

それで私がその参謀に「あんたはその問題についてどう考えているのか」と聞いた。「いじめてしごけば戦争に勝てるのか。兵隊がちゃんと仕事をして、弾は当たるようになるのか。それなら仕方がないけれど、それを越えてプライベートにいじめているのを、何で将校はそれをほっといたのか。その責任は大きいよ」と聞いたところ、それに対する答えは「私は参謀です」だったから、私は蹴っ飛ばしてやろうかと思った。参謀だって、やはり勝つために考えるもので、「そんなにいじめて得はない。止めなさい」ということも仕事の中にあるはずだ。

なぜこんな話をするかというと、あまりいじめられた為に水兵がやけくそを起こして、火薬庫へ火をつけて軍艦を沈めてしまうということが再三起こっているからだ。事故の原因は火薬庫での飲酒か自殺かまたは自然爆発かとまだ議論されているが、日本海海戦のすぐ後に佐世保で沈んだ戦艦「三笠」がそうだった。「陸奥」もそうで、日本海軍の一番の主力艦は敵国ではなく、味方の水兵が沈めたのだ。「陸奥」は当時世界の七大戦艦の一つで、「武蔵」「大和」の前はこの戦艦が頼りだったのに、そんなことで失ってそれをひた隠しにしている。

日本海軍は水兵をいじめて一番損をしてしまった。アメリカに戦艦を二、三隻プレゼントしたのと同じなのだから、水兵をいじめることによる損害というのは莫大だったのだ。

そして、こういう重大問題をひた隠しにするとは何ごとだろうか。反省会もなければ待遇改善の通達もない。もう少し水兵を大事にしなさいという意見がどうして出なかったのかなと思う。そういう意味では私は海軍という組織を褒める気には全くなれなくて、全体としては阿呆だと思っている。

現在の不良債権問題でもそれは繰り返されている。「金融秩序維持のためにソフトランディングが必要だ」と言われているが、本当は無能だった金融当局者や政治家のためのソフトランディングである。これでは何度でも問題が再発する。

三野　「大和」から降りることができたか

命令として「大和」の沖縄への出陣が決まった時、「この作戦が無謀なことは初めからわかっているから、降りてもいいよ」と全部の乗組員に言ったとする。これは現実にはあり得ないことだが、その時に降りるかどうかに関して考えてみたい。

戦没学生の手記などを読んでいると、真面目な人ほど自分は将来の日本のためにいろいろなことができるという自信があり、その裏づけがあるから逃げてしまってもいいのだという、心理的な葛藤があったようである。だからこそ降りても良いと言われた時に、自分なら降りるかどうかということを考えてみたい。

自分の場合にどうなのかと考えた時に、やはり仲間意識というようなものもあり降りられないと思う。

少し形が違うが、ジェームス・ミッチェナーの世界的なベストセラーで映画化もされた『トコリの橋』という朝鮮戦争時の話があった。朝鮮戦争に参加しているアメリカ人パイロットの大部分のインテリ士官は、こんな祖国から遠く離れた朝鮮で戦争をやる意味がないと思っていた。

一人の青年士官がいて、彼は家へ帰れば弁護士の仕事も待っているし、アメリカのためにいろいろなことができると信じている。ああいう戦争では、出撃するかどうかアメリカ海軍はかなり自由で、次の出撃にはいきたくないと軍医に申し出ればそれで行かなくて済んでしまう。

ところが、原作だとブルーベーカーという主人公の大尉は、「明日はちょっと飛びたくないのですけど」と言いたくて、軍医の部屋の前まで行ってはまた戻ってきてというのが何回もある。比較的考え方が自由なアメリカ人でも、なかなか言い出せないのだ。

これを見ていると、朝鮮戦争もアメリカにとってあまり必要のない戦争だったという感じがする。

当時「大和」に乗っていたとしたら、我々でもかなり悩んだのではないだろうか。最終的に大事なところで逃げるか逃げないかというのは、ジェームス・コンラッドの小説『ロード・ジム』などでもそうだけれども、どうするかというのは結局自分の良心の問題になる。

同じようなことは、これほど切実ではなくても確かにあった。たとえばＰＫＯのカンボジア派遣の時だ。自衛隊員の中でも、行きたくないと申し出た者があったと言われている。今から考えればカンボジアへ行っても、それで特に身の危険があるという感じはしないのだが。

「大和」の出陣の話に戻すが、神参謀と軍令部と第二艦隊*の首脳との話し合いで、どの程度出撃を強要したか、という点がどうもあまりはっきりしない。

資料を読んでみると、神参謀が「一億総特攻の先駆けになってください」と言って、これに対して伊藤が「よしわかった」と答えたという場面が出てくるのだが、一億人が総特攻となり誰も生き残らなかったら日本の国はどうなるのだという、ごく当たり前の議論がなされていない。

＊第二艦隊
昭和二〇年四月七日、「菊水作戦」の一環として沖縄を目指して出撃した「大和」以下の艦隊の正式名称である。編成は戦艦「大和」、軽巡洋艦「矢矧」、駆逐艦「冬月」「涼月」「朝霜」「初霜」「霞」「磯風」「浜風」「雪風」の合計一〇隻。アメリカ艦載機の大群との闘いで、「大和」をはじめ六隻が撃沈されたが、「冬月」「雪風」など四隻がなんとか帰投した。この戦闘における戦死者は三七〇〇名を超えている。

日下 最後は理屈より美学

特攻を志願するかどうか、それからそれに近い命令に従うかどうかは、あの頃の日本の男がみんな悩んだ問題だ。そして最後は美学で、どちらが美しいかという視点で決心した。それは、そういう教育を受けてきたからで、プラグマティズムではない。

死にたくないからみんな悩むわけで、だからかなり先手を打って理科系に進学したり、もう結婚はしないでおこうという人もいた。もういい、さばさばと死んでしまえ、そのほうが楽だし簡単だと。

それから敵前逃亡と言われると迷惑が家族や親戚にゆく。あるいは戦争はもうすぐ終わるのか、まだ続くのかとか、いろいろと悩む。最後には良心というよりは生い立ちの問題だろう。

悩むのは死の確率の問題だから、特攻作戦になると深刻なのだ。三野さんはいろいろ兵器のことを研究しているが、精強な兵器を与えられると、これなら立派に闘えると人は勇敢になるものだ。自衛隊の人に「万一有事になったら戦いますか」と聞くと、「一つは武器が精強かどうか、二番は日常の反復訓練の成果で、いよいよとなったら自動的に体が動きますよ」と言った。

そうだろうと思う。私だったら、真っ先に死んでしまう方を選ぶ。考えるのは邪魔くさいからだ。

仲間から外れようと思ったらいろいろと理由は必要だし、見つかったら言い訳はしなければいけないし、社会的制裁は何がくるかわからないということもある。

伊藤整一中将について言えば、彼は「特攻作戦中止はお前の判断で良い」と言われている。だから、志布志湾から出てアメリカの潜水艦に発見された時、「成功の確率は薄い、特攻作戦はここまでで中止する。やめたい奴は降りて良い」と言えないことはない。それは常識では難しいかもしれないが、「でも行きたい奴だけは俺と一緒に行こう」と言えばいいのではないか。

無い物ねだりの歴史議論が多いが、責任追及というのは、その時自由裁量権がどのくらいあったかによる。彼に特攻作戦中止の裁量権があったということは重要である。

三野 吉田満と伊藤整一

「大和」に乗っていた人の話、設計した人の話、造った人の話を聞いていても、どうもいまだに全体がはっきりわからない。一番直接的に伝えているものというと、結局吉田満の『戦艦大和ノ最期』しかないのではないかと思う。

また、彼の判断が良いか悪いかは別の問題として、伊藤整一中将の遺書が非常に印象的だ。

夫人に対しての遺書は、「自分が最後までこの任務につけたことを喜んでいた」ということを伝えることで、妻の余生の淋しさをやわらげようとする内容である。

そして、まだ小さい娘さんが二人いるのだが、その娘達に残した遺書が感動的なのである。「もう手紙は書けないかも知れませんが、大きくなったら、お母さんのような婦人になりなさい」と書いている。妻、母としては、これに勝る誉め言葉はないだろう。

今は世界中探しても、自分の娘への遺書にそういうことを書ける家庭があるかと思う。

大和艦隊の首脳部が自分勝手で、自分の美学で部下を道連れにしたというところも確かにあるが、このような人物も中にはいたのかと思ってしまうのである。どちらがいいかという比較もできないくらい、当時と今の人達とは違う日本人だったのかなという点から興味深い。現在普通に生きている夫で、娘たちにこういう遺書を書ける人がいるかと言ったら、批評家から我々までとても無理だろう。

日下 『戦没学生の手記』

吉田満は二〇歳の頭でっかちのインテリ士官で、現場で働いたとは言えない。艦橋で仕事もなく、戦闘全体を見ていた。その観察が的確で行き届いていて、しかも文章が綺麗だ。昔は、二〇歳であれだけ書けるような教育をしていたということだ。

あの文章は確かにすごいが、当時は小学校の五年生くらいからあれに似た文章はみんな書かされていたし、実際書いたのだ。私はそうでもないけれど、そういうのを真に受けて一生懸命に書く人が一高、東大へと進学した。だから、ああいう人は割合に大勢いた。

『戦没学生の手記』などでも、きちんと書いている。自分はこう考えるけれど、こうも考える、そして結局はこうなのだと順を追って整理した名文がたくさん残っている。

死ぬことの恐怖と、こういう戦争で死ななければいけない疑問と、やはり家族や国のことを考えると死ぬのが本当か、という悩みなどをきちんと書いて、最後にちょっと川柳か何かを書き足したりしている。

今はただの知識教育とか偏差値教育だが、当時はそういうことを書けるような高等人間教育をしていた。

戦前の日本人はどんな文章を書いたかと考えると、まず引用されるのは小説家の文章だが、当時の小説家は社会性のない文学青年だった。社会性があるのは法学部の卒業生だが、この人たちは自分の心情を書く必要がなかった。

しかし、漢文からはじまる表現力の教育は一般に浸透していた。それが特攻隊の人の遺書に表れている。社会性と心情と表現力の拍子がそろっている。

三野　女性ヌードと菊水マークの違い

大戦争となると否応なくその民族の資質が明らかになるというのは、洋の東西を問わないと思う。太平洋戦争でもこれは変わらず、日本民族のそれがはっきりと表れた。初めから生還を期待しない体当たり攻撃が組織的に行われたのは、永い人間の闘いの歴史の中でも、この戦争における日本軍の場合だけと言って良い。

ドイツもまた、大編隊で来襲するアメリカ、イギリス軍爆撃機を撃墜するため、戦闘機による体当たり攻撃隊を組織した。しかしこれは衝突した後、できるかぎりパラシュートで脱出するように指示されていた。

もちろんアメリカ、イギリス軍の航空機のパイロットの中にも被弾し、もはや帰還も不時着もできないと考えた時には、敵に体当たりする例は多く見られた。

さらに一九八一年から始まったイラン／イラク戦争の場合、イランの若者から構成される革命防衛隊が、隊列を組んで歌をうたいながら地雷原に侵入、味方の正規軍のための突撃路を切り拓いた例もある。

どこの国の人々も、また民族も、いったん戦争となれば高い戦意を持ち、自分の生命を投げ出すのである。それにしても日本の〈特攻〉はあらゆる面から見て、悲痛極まりないものだったと思う。

一方、戦時のアメリカ軍を見ると、なんとなく全体に余裕が感じられるのは私だけだろうか。このもっとも典型的な事柄は、戦闘機、爆撃機の機首に描かれたなんとも派手なイラストで、なかには半裸の美女を描き、ご丁寧にもそのうえに機長、パイロットの奥さんの名前まで書いている。

これが一九四〇年代の話だから、よく言えば生真面目に過ぎ、悪く言えば硬直した日本軍ではとうてい考えられない。いや、半世紀以上経た現在でも、胴体にケバケバしい女性のヌードを描いた自衛隊機など皆無だ。最近になってようやく、マンガの主人公などのイラストが見られるようにはなったが……。

さすがに、世界広しと言えども、軍用機に裸女を描くのはアメリカだけらしい。ただ、ソ連軍でも、戦車の砲塔側面に恋人の写真を貼った例がある。

当時の日本軍は、陸軍であろうと海軍であろうと、このようなことを許すはずはない。全ての兵器は天皇陛下からの授かりものとされていたのだから。

さて、軍用機の機首に描かれるいろいろなイラストを、ノーズ・アートと言う。そしてまさに芸術《アート》と呼ばれるだけのことがあって、なかには実に魅力的なものも多数見られる。

ここで興味深いのは、軍用機（特に爆撃機に多い）に大きくヌードを描くというアメリカ人の意識、精神である。これを描くことによって士気が高揚するのだろうか。それとも、出撃前の緊張が少しでも柔らぐのだろうか。あるいはそこに絵を描くだけのスペースがあるから、描いただけのことなのだろうか。

この問題について論じた本を見たことがないが、なんとか識者の意見を聞いてみたい気がする。

一方、沖縄に出撃した「大和」以下の第二艦隊の艦艇は味方の識別と心意気を兼ねて、煙突に〈菊水〉のマークを描いていたと伝えられている。ご存知のごとく、菊水とは楠《くす》木《のき》家の家紋で、これは建武三年（一三三六年）の湊川《みなとがわ》の戦いで悲壮な死を遂げた楠木正成からきている。

言ってみれば、目的を達成するため死を厭わずという決心を示したものなのだ。飛行機と軍艦との違いはあるものの、ヌードのイラストと菊水のマーク。これも太平洋戦争の実態の一つと言えるだろう。

三野　ユーモアを封じ込めたから敗れた

日本の場合、戦争中のユーモアは全く御法度であり、笑いイコール不謹慎で不真面目と同義語だった。しかし、笑いは物事を順調に進めるための重要な潤滑油になる。

連合国の最高の頭脳集団（大部分は民間人）による、いくつかのユーモアに関するエピソードを紹介しておきたい。なぜなら、戦争中であろうと平時であろうと、レベルの高い研究ほどその進展には質の高い笑いが必要だからだ。

まず、マンハッタン計画研究の例だが、言うまでもなくマンハッタン計画とは、アメリカによる史上初の核兵器開発計画である。多くのノーベル賞受賞者をはじめ、世界的な研究者が、ネバダ州アラモゴードに集められていた。

砂漠の中の孤立した研究施設の毎日に、頭脳集団が満足できるはずはない。ウサ晴らしに次々といたずらに手をつけはじめた。それらを詳しく記す余裕はないが、いくつかを紹介しておきたい。
・警備に使われる十数頭のシェパード、ドーベルマンなどの軍用犬が、係の兵士の全く気付かないうちに一夜にして消え失せ、そのかわり同じ数の子猫が鎖につながれてじゃれあっていた。
・もっとも重要な実験結果がおさめられ、厳重な監視下におかれているロッカーの中に、いつの間にか子供の言葉で、「ボク　ゼーンブ　ミチャッタヨ」と書かれた紙が入っていた。

次は、イギリスのオペレーションズ・リサーチの頭脳集団ブラケット・サーカスのいたずらである。

首相チャーチルをはじめ、何人かの大臣が次から次へと研究所の視察に訪れる。科学者たちにとっては、この対応が煩わしくてたまらない。そこで、ブラケット・サーカスの面々はチームを作って手を打った。

視察を終えて帰る途中に、お偉方の乗った車が必ず故障するのである。係の将校があわてて予備の車を用意するが、これまたしばらく走ると必ず立ち往生する。困り果てた将校と、不機嫌な顔つきの大臣や軍の高官を物陰から眺めて、科学者たちは笑い転げるのだ。

彼らは、わざわざこのいたずらのために特殊な超強力マグネットまで開発していた。言ってみればこのような気分転換が、研究、仕事の効率を高めるのである。

ひるがえって当時の憲兵、特高警察がウロウロいる日本、ゲシュタポの闊歩するナチス・ドイツの国内ではこのいたずらなど、利敵行為、サボタージュとして逮捕の対象になったと思われる。

連合軍の強さの秘密の一つが、絶え間のないユーモアと笑いにあったと言ったら、言い過ぎだろうか。

一方、当時の我国においても、ユーモアと言えるものが全くなかったわけではない。敗戦直前に一部の士官連中に流行ったユーモアを紹介しよう。彼らは大学の数学科などから集められ、連合軍の暗号解読を仕事としていた。

八月六日広島に、八日長崎に原子爆弾が投下されたが、大本営はこれを原爆とは呼ばずに〈新型爆弾〉と称した。同時に大本営の意を受けたラジオのアナウンサーが、被害の多くは光線、熱線によるものであるから、もし新型爆弾の攻撃が予想される時には真っ白な布、たとえばシーツを頭からかぶることをすすめていた。

こんなもので防げるはずがないことを本能的に知った若手の士官たちは、新しい遊びを考え出した。白いシーツを頭からかぶって、廊下を走り回りながら、

「新型お化けだ」

と叫ぶのである。おかしいことは確かにおかしいが、ユーモアとはいえ、心から笑えない現実が間近にあった。作家阿川弘之の小説に、このエピソードが登場する。

この是非はともかく、高度な笑いを演出するためには高い知能指数と広範囲な常識、

そして回転の速い頭脳が必要で、そしてまた同じものが新技術、新兵器の開発にも欠かせない。ユーモア、笑いを封じ込めたとする点で、日本、ドイツ、イタリアなどの枢軸側はすでに戦争に敗れつつあったと見るべきなのだ。

第11章

トップマネージメントに必要な条件

18インチ砲、15メートル測距儀などを搭載した技術力の結晶であり、生産・工程管理の手法を確立した「大和」。さらに今、我々に何を語りかけているのか

日下　握り飯とフルコース

固い思考は直線的だから副産物を排除する。そのため一見効率的だが、変化への対応力がないものができあがる。また独りよがりに陥りやすい。

ミッドウェー海戦の時、主力の航空母艦六隻を、ミッドウェーに四隻、アリューシャン作戦に二隻と分けたのは全く間抜けな話だ。*黒島亀人が天才を気取って珍妙な作戦を立てたが、独善的で、どこかで一つ歯車が狂ったら全部無駄になるような小細工をたくさんした。

その小細工だけを見るならストーリーはうまくできているが、暗号が敵にバレているとか、潜水艦を配備した時には敵は通過していたとか、ハワイで休んでいるはずのアメリカ空母「ヨークタウン」が駆けつけてきて四対二のはずが四対三になった、というところで実際は狂ってしまった。

予測が狂った時のことを考えないで作戦を立てる。相手がこちらよりも賢いとか、金剛力を出すかもしれないとかを考えるフレキシビリティがない。黒島は天才かどうかしらないが、日本海海戦の秋山参謀を気取って部屋に籠もり、カーテンを全部閉めて人にも会わず、寝間着のままで作戦を考えたという。

そういう人がいてもいいとは思うが、とにかく出来上がった作戦計画はおかしいのだから黒島任せにした山本五十六の判断は考えものだ。それはやはり健全な精神に欠けているからで、司令官や参謀は頭がいいだけではなくて、友達がたくさんいたり、時々はテニスをしたり、ヨットに乗ったり、大酒を飲んだり、それからギリシャ哲学の本も読んだりする人でなくてはならないと思う。幅広い人がゆったりとした気持ちでやって欲しい仕事なのだ。

ところがそれをやっていないものだから、レイテの時も指揮官の栗田中将は三日三晩寝ないで、艦橋に立って握り飯を頬張って、それが自慢だというおかしなことになる。その結果の最後の判断が反転北上そして退却では全く駄目だ。心機朦朧としていては、何もならない。

中年過ぎの人間が三日三晩立ち続けて全然休まずにいたら、正常な判断などできるはずがない。だから、「よきに計らえ、わしは寝るぞ」と言わなければいけないし、部下の方は「お任せ下さい。寝て下さい」と言わなければいけない。

対照的なのは、アメリカ側の指揮官スプルーアンス*で、彼は「神風特攻隊が突撃してきます」という時でも、ちゃんと従兵をつけてフルコースの飯を食っていた。部下の参謀に「あんまりです」と言われても、「私はいつも冷静でなければいけないのだ。私の仕事は全艦隊の進退を決することであって、日本の攻撃隊を追い払うのは君たちの仕事だから、しっかりやれ。君たちが追い払えなかった時は、私も死ぬことになる。でも生きている間の私の仕事は全艦隊の指揮だ」と言った。

「神風が二〇機か三〇機、今こちらへ向かっています」と言ってみんなが右往左往している時でも、平気で「スープはまだかね」と言っていたというので、さすがにアメリカ軍の中でも評判が悪かった。しかし、新聞記者からそれを指摘されても、常に冷静だったスプルーアンスはそれをはねつけて、「私の仕事は戦争に勝つことで、人気取りをすることではない。私が人気取りのために判断を誤ったら、兵士が死ななければならない」と言ったという。

その逆がハルゼー大将で、新聞記者にやたらと見出しになるようなことをしゃべっていた。一番酷いのは、「そろそろ次の作戦に出動するのではないですか」と記者たちがハワイに集まってきた時、「次には、猿の肉をたくさん取ってきてやるからな」としゃべっている。それは日本人のことで、「猿の肉をたくさん取って来て食わせてやる」というのがちゃんと見出しになっている。こういう話の方が血湧き肉躍るから、ハルゼーは人気抜群なのだ。

会社でも追い込みの商戦で忙しくて駆け回っている時に、社長が「今日は疲れていて正確な判断ができないから、俺は先に帰って寝る」と言いづらいというのはおかしい。だったら社長の給料は返上して、課長並みの給料で働けということだ。社長の給料をもらったら社長並みの知性とか、それにふさわしいことがなければいけない。赤坂で飲んでも、ファーストクラスに乗っても、その結果何かが得られたらいいわけだ。

余談だが、冷静沈着なスプルーアンスも間違えたことがある。これはレイテ海戦の時、小沢艦隊を追撃していったら、日本の駆逐艦が逃げ遅れているのに追いついて、みんなで窓から顔を出してみた。スプルーアンスを含めた首脳部、名のある錚々たる参謀長や艦長が、その時開戦以来初めて日本の軍艦を見たので興奮した。双眼鏡で見て、全員がこれは巡洋艦だと言った。中には、これは一等巡洋艦だと言った人もいるが、実は駆逐艦だった。

こういう誤判断は戦場にはつきものだから、トップは常に冷静でいなければいけないし、そういう誤判断のリスクを逃げるため司令官は部下と一緒になって走り回るほうを選ぶとも言える。

＊黒島亀人（くろしま　かめと）

作戦立案において独創的なアイディアを出すということで、山本五十六から重用された先任参謀。複雑で精緻な作戦は真珠湾、南方作戦では成功を収めたものの、その後失敗が続く。「奇人参謀」と呼ばれる奇行や特攻兵器開発を推進したことでもよく知られている。昭和四〇年没。

＊レイモンド・スプルーアンス

ミッドウェーをはじめ、大海戦で日本海軍を撃破した米海軍の指揮官。常に沈着、冷静で、特に空母部隊の運用に関しては超一流であった。慎重すぎるとも言われたが、その実績は比類ないものと言える。戦後海軍の要職を歴任したが一九六九年没。

日下　スリ・カッパライの教育

もう一つこんなことも言える。日本の参謀教育は、陸軍も海軍も常に〈劣位戦〉の研究だった。日本は貧乏で兵力は不足で、しかも補給は続かないから、一回の決戦で大勝利を得なくてはいけないという問題の答を一生懸命に考えていた。その優等生が司令官になった。

だから奇襲で勝つとか、偽計で勝つとかのアイディア・コンクールが参謀育成で、いわば「スリ・カッパライの教育」だったと書いている人もいる。つまり、正攻法の研究が不足していた。〈優位戦〉の研究は不要と思っていたのだろう。そんな作戦は誰でもできると考えていただろう。また、日本海軍がアメリカ海軍より優位に立つなどは想像外のことだったに違いない。

しかし、ミッドウェーの時は奇跡的にそういう状況になっていた。だから山本五十六長官はそれを自覚して、正攻法の参謀を登用すべきだった。「黒島君しばらく休養してくれたまえ。戦局が不利になったらまた頼む」と言うのが最高司令官のなすべき仕事だった。それをしなかった山本五十六は、自分も同じくスリ・カッパライ的教育の優等生で優位戦への目配りに欠けていた。

ミッドウェーと日本海海戦はまるで別の戦闘だと気がつくためには、普通の常識が必要である。最高司令官は「偉大な平凡人が良い」というのはそういう意味だが、そういう人は参謀出身にはいなかったらしい。

それから歴史評論家も踏み込みが足りない。日露戦争の時、児玉源太郎が戦闘に超然としていたというエピソードは多くの人が援用するが、それを応用して山本五十六は超然さが不足だったとまで書く人がいない。

戦争なら優位戦か劣位戦か、それから会社経営なら今は攻めの時か守りの時か、外交で言えば高飛車でゆくか下手にでるか、あるいは交渉継続か中断かなどは、当たるも外れるも確率は五〇パーセントだが、その判断を下す人の人物や見識は大切だ。だが、評論家や歴史家にそれだけの素養がないらしい。

三野　詰めが甘い日本の艦隊指揮官

レイテ海戦の際の日本側の指揮官は全て、サマール沖海戦などでも正規空母と護衛空母群を間違えるくらいに疲労していたのだろう。あの海戦の時だと、日本側には優秀な大きな望遠鏡がいっぱいあって、昼間で風もなくて天気は快晴、それでいながら敵の艦種を間違えたということは、全員が疲れ切ってしまっていたのだと思うしかない。

そして途中で攻撃を打ち切り、護衛空母群を結局は取り逃してしまう。あれだったらやはり絶対にレイテ湾には突入すべきだった。空母群を見つけてちょっと攻撃をしたら、これはもういい、今度は向こうへ行こうとなる。そしてまた、向こうもやめたと言う。

まさにアブ、ハチ取らずで、日本人というのは、戦争の詰めが甘い。

そして栗田中将は生き残った。雑誌『丸』のこの時の状況に関して、彼の最後の座談会の記事を読み返してみたのだが、「ともかく疲れていた」という印象だ。それが彼の判断を完全に狂わせてしまったということなのだろうか。

栗田健男が出てきたので、少し日米の艦隊指揮官論を展開してみたい。

日本海軍を代表する提督と言えば、山本五十六を別格として、南雲忠一、近藤信竹、井上成美《しげよし》、小澤治三郎などの名前があがる。いずれも極めて有能な人材で、それなりに実績を挙げている。ただ大艦隊を運用し、海戦に勝利するとなると、どれだけ優秀な提督であってもそう容易ではない。

たとえば南雲の場合、昭和十七年四月のインド洋作戦ではイギリス海軍を相手に勝利をおさめた。しかし、それから二ヵ月後のミッドウェーでは、指揮下の四隻の航空母艦すべてを失うといった大敗北を喫している。

また彼は真珠湾攻撃において、アメリカ太平洋艦隊の大部分を撃滅しておきながら、燃料貯蔵庫、艦船修理施設を破壊せずに引き揚げ、自己の戦果の拡大に失敗している。

このように話している私も含めて後世の歴史家、研究者は、平和な時に安全な場所から言いたいことを言っているという反省もあるが、それにしても実戦の指揮、そして戦闘の勝利は極めて難しい。

どんな戦闘であっても完璧な勝ちなどそうそうあるわけではなく、敵味方の戦力、兵力に差があるのが当然なのだから、まさに勝利と敗北は紙一重のところにある。

多くの反論があるのを承知で言わせてもらえば、日本海軍の艦隊を指揮した人々には一つの共通した特徴があるように思える。それは先ほども言ったが、勝利を目前にしている場合でも、〈詰め〉が甘いという点である。ハワイ真珠湾、珊瑚海、南太平洋海戦を見ても、もう一歩踏み込み、あるいはもう一回攻撃をしておけば、といった時点で闘いを打ち切っている。

確かに戦果を拡大するばかりではなく、自軍が損害を受ける可能性もあるから、戦闘の際には慎重の上にも慎重でなくてはならない。これはよく判るのだが、逆に勝つチャンスというのは、そうたびたび巡ってくるものではないから、勝てる時に勝っておくこともまた大切であって、これはスポーツ、ギャンブル、経済競争でもみな同じだろう。

このように考えると、冷徹な頭脳と溢れる闘志を持ち続けて艦隊の指揮をとったのは、ミッドウェーで戦死した山口多聞少将（のち中将）だったのではないか。彼は味方の三隻の空母（「赤城」「加賀」「蒼龍」）が炎上する中、残った「飛龍」を駆使して闘い、「ヨークタウン」の撃沈に力を尽くした。

「飛龍」と山口の活躍がなかったら、ミッドウェー海戦は日本軍の完敗に終わったと言う他ない。彼のおかげで喪失空母数は四対〇から四対一へかわり、シャットアウトを免れたのである。

現在の研究者たちも、山口多聞こそ日本海軍の機動部隊の指揮官にもっともふさわしい男であると考える者が多い。しかしその一方で、海戦の敗北と共に簡単に死を選んでしまったのは、なんとも気にかかる。

空母四隻が沈んでも、まだ二隻の正規空母「翔鶴」「瑞鶴」をはじめ六隻が残っているのだから、それらを再編成し、より強力な機動部隊を作ろうとは思わなかったのだろうか。機動部隊の指揮官など、早急に養成できるものではないことは、山口が一番よく知っていたはずだ。また、このような人材こそ、日本海軍がもっとも必要としていた。

それはまた、日本の運命を賭した戦争が始まってからわずか半年という時期で、山口の早すぎる死が海軍の弱体化を早めたことは間違いない。同時にこれはアメリカ海軍にとって、明らかな幸運ともなっている。

三野　指揮官は現場で行動すべきか

太平洋戦争で戦死したもっとも高位の軍人は、日本側では山本五十六大将（のち元帥）だった。

アメリカ側ではどうか。中将以上で戦死した提督は、皆無だったのだろうか。陸軍では沖縄で戦死したバックナー中将がいるが、海軍では中将はいないようだ。ただし、昭和十七年十一月の第三次ソロモン海戦では、二人の少将（キャラガン、スコット）が一夜にして日本海軍の攻撃で死亡している。

ここで問題となるのは、指揮官はどこにいるべきか、ということだ。敵の戦闘機の攻撃により機上戦死を遂げた山本五十六の場合、常々、

「上級指揮官は、前線に出て行く必要はない」

との持論を展開していたにもかかわらず、結局ソロモン諸島まで出かけていって戦死してしまった。

彼の死は昭和十八年の四月だから、まだまだ日本海軍には有力な戦力が残っている頃である。日下さんの山本五十六の評価は決して高いとは言えないが、大艦巨砲主義を

早々と捨て去り、航空機と航空母艦を優先したところは、彼の先見の明を示しているように思える。

しかし、指揮官が現場に出たり、先頭に立つことの是非は、もっと議論されなくてはならないようだ。我国の場合、戦後に至っても〈指揮官先頭〉ということが、それなりに重要視される。これは軍隊ばかりではなく、企業や地方自治体でもその傾向は見られる。

指揮官が後方の安全な場所から命令を出すと、それだけで非難の的になったりする。また、社長、重役連中が現場に出て行かなければ、それはそれで不満が広がる。ところがアメリカ軍についてはより合理的で、あまりこのような点にこだわらなかったらしい。したがって、小艦隊の司令官は戦死しているが、機動部隊（空母部隊）のそれは生き残った。ただし、アメリカ軍の中でも海兵隊だけは少々異なっていて〈指揮官先頭〉を常に実践しているが。

冷静に考えると、指揮官が先頭になって行動することが、必ずしもプラスの面ばかりとは限らない。かえって危険な目にあったり、疲労が重なったりすると、判断に狂いが出る。さらに死んでしまったら、後の作戦に差し支える事態が起こる可能性もある。それに上級者が現場にくると下の方はその対応に追われ、逆に大切な点がおろそかになりかねない。

一方、いわゆるお偉方と呼ばれる人々が実際にやってきた時、現場はそれによって士気が上がるということもある。だからこれは個人個人の受け取り方、あるいはケース・バイ・ケースであって、いちがいには言えないだろう。

山本五十六は、昭和十八年春の「い号作戦」を直接指揮するために前線に出て行き、そこで戦死した。この作戦は、空母搭載機を陸上基地から運用し、一挙にアメリカ軍を叩くものであったが、これといった戦果を挙げられないまま終わる。そうであれば、彼の前線指揮は特筆するほどの効果を出せなかったことになる。

日下　現場主義は単なる美学にすぎない

現場主義はエリート人材の育成や現場の士気昂揚には効果がある。しかし、いよいよ本当に戦闘の指揮はどこがいいかというと、機動部隊にいてはいけない。機動部隊の現場にいると無線封鎖になってしまったり、爆発音がやかましくて重要な報告が聞こえなかったりするから、もっと大きな出処進退は陸上にいたほうがいい。連合艦隊の司令部は最後は日吉の慶応大学にいたが、その前は軽巡洋艦「大淀」で木更津沖にいた。

指揮官先頭とか、現場主義とかは、今でも美学とされている。新社長を評して、この人は現場をこまめに歩く人だ、現場のうけがいい人だなどと、新聞記者が褒めることがあるが、そんなことよりももっと大きな出処進退があるだろうと言いたい。上は上の仕事をしてくれればいい。

大蔵省の高木さんが国鉄総裁になったが、アル中ではないかと言われるくらい毎日酒を飲んで酔っぱらっていた。それをある評論家が、少し現場でも見てきなさいと言ったところ高木さんは「俺が行ったら、やたらと掃除をして待っているだけだから、箒の跡を見てもしようがない」と答えた。それに対して評論家は、「高木は現場へ行っても箒の跡しか見えないのか」と書いた。これは日本中に受ける書き方だが、あの時国鉄は存続するか分割するかという一番大きな出処進退の時だから、高木さんが現場へ行く必要はなかった。政治家相手の死に物狂いの戦いをしてくれればいい。

今も第二次大戦中と同じで、エリートが人間として小粒だ。だから、偉大なる素人をトップに置くという知恵を使うべきだと思う。

スターリンでもヒトラーでもチャーチルでもルーズベルトでも、兵器に関する勉強はものすごく熱心にやっている。武器の勉強もして、そのうえ戦争全体の指図もしているのだからすごい。

部下に一任するのが大物だなどという考えは間違っている。部下には部下の都合があって、くだらないこともしているのだから、それをよくよく監視しなければいけない。それもエリートの仕事、というのがわかってない。

たとえばヒトラーが、そろそろモスクワへ攻め込んでやろう、*バルバロッサ作戦を実行してやろうと思って、戦車部隊の閲兵をする。その時、ドイツ戦車の大砲が貧弱な事実を知り、迅速に威力の大きなものに取り替えておかなければ駄目だと命令する。

ところが部下がやらない。ソ連相手ならこれでも勝てますと請け合うのだ。これは本当にそう思ったのか、面倒くさいからか、ヒトラーを馬鹿にしていたかわからないけれど、ともかくそれで戦争に突入し、ソ連のＴ34戦車にやられてしまう。やはりヒトラーは正しかった。欧米の指導者というのは勉強もしているし、自信をもって命令するのだ。

しかし、そのような命令もはずれることはある。ハインケルＨｅ１７７爆撃機は四発にするな、双発にしろなどというのは最高指導者の言うことではない。

ただ全般的には、たとえばアメリカだったらトルーマン、ルーズベルトと原爆開発の計画にゴーサインを出しているし、ソ連ではスターリンが機甲部隊がもっとも重要だと頑張る。その時自分の頭脳に自信がある。それで良いと思う。

また、アメリカは原子爆弾を作ったが、イギリスは作らなかった。これを日本人の評論家に聞くと、イギリスは貧乏だという評論になってしまい、わかりやすいからそれで済ませてしまう。

しかし本当のところは、たとえ取り組んだところで今度の戦争には間に合わない、今度の戦争には不要である、だから後でゆっくりやればいい、と決断してやらなかっただけで、貧乏だからではない。

原子爆弾なしで勝ったのだから、その予測はきちんと当たっている。アメリカは、もったいないと思って使って汚名を残した。

＊バルバロッサ作戦

一九四一年六月、ヒトラーがソ連全土の占領を狙って実施した攻撃計画。半年以内にモスクワ以西の全てを手中におさめる予定であったが、その八割を達成した時点で赤軍の反撃が本格化し、失敗する。

三野　ハンモック・ナンバーでいいのか

日本の指揮官の地位というのは、ハンモック・ナンバー順とも言われ、ほとんど海軍兵学校とか陸軍士官学校の卒業時の成績で決まる。しかし、アメリカの場合はかなり違っている。

会社の経営者と戦争の指揮官というのは、組織を引っ張って行くという意味では似ていると思う。高校、大学の学業成績と、戦争の指導とか会社経営というところの能力との相関関係はあるのだろうか。

太平洋戦争が終わってから今まで、社会でも経済でもいろいろな教訓があった。だが日本の場合、軍備と戦争に関しては、この五〇年間ほとんどない。日本の自衛隊でもいろいろな面が惰性になっていて、ちょうど日露戦争が終わって、日中戦争が始まる前のような段階で、当然やるべきことを全然していない気がする。

また、ことなかれ主義というか、何かにつけて〈まあいいや、どうにかなるさ〉というムードがあって、真剣に国の安全を考えるという時代ではないようだ。

日下　**学業成績とは別の才能**

そもそも防衛大学校の入学試験から、幹部学校の入学試験からみんなカチカチで、私のように正直なことを言う人は、成績が下がるようになっている。それがおかしいと思う。

だが問題なのは、民間の場合は毎日毎日が戦争で、結果は毎日、あるいは毎年出るから、それを見て選抜していくことができる。ところが軍人は、二〇年、三〇年も戦争がない時にどうやって選抜するのか、それが非常に難しい。

実戦経験はないのに学業成績だけ良い、あるいはディベートやディスカッションなら口の上手いやつばかり勝つではないか、という問題があって、その欠陥を補うために演習をしたりもする。しかし、その根本的な欠陥があるので、どうも成績が偏重になりやすい。

そして何が張り合いかというと、転勤、昇進の人事異動ばかり。人間は誰でもそうなのだが、その時に上へ上がる方法はというと、上役のお覚えめでたいということだろう。覚えだけを相手に戦争するようでは大変で、本当の敵がきてくれたほうがいい。だからこんなのは飽きたと言って、自衛隊を辞めてフランスの外人部隊に行ってしまった人がいるそうだ。

平和になるときちんと考えるエリートは生まれにくいわけだ。でもまあ、ある程度まで自衛隊がなんとかなっているのはアメリカにくっついているから、準アメリカ軍だからそれなりに規律も意識もある。

話を元に戻すと、成績偏重を避けるために大事なことは教官の素質だろう。教官が信念をもって、この男は実戦の役に立つ、デスクだけの秀才ではないと言えればいいのだが、周りの人に理由を説明しにくいのが問題だ。「こいつは度胸がある」などというのは、自分がそう思ったというだけだが、「学業成績が大変よろしい」というのは他の人を説得することができる。成績という具体的なものだけにアカウンタビリティはあるけど、教官と生徒という組合せ次第で決まるという問題がある。

アメリカの場合には一番上に大統領という偉大なる素人がいて、エージェントの精神が至るところにあるから、ミニッツのように成績から言えば二五番目の男が、突然先輩を飛び越して太平洋艦隊司令長官になる。奥さんは喜んだのだが、「しかし、俺が指揮する戦艦は今のところ一隻もないのだ。なくなったから俺を抜擢したのだ」とミニッツ本人が言ったという話がある。アメリカ軍には、危急存亡の時になれば下位の軍人をトップに抜擢するとか、そういうフレキシビリティが上部にあったが、日本にはそれもなかった。

アメリカの元帥クラスで、ハンモック・ナンバーという卒業成績が士官学校でも大学でも本当によかったのは、調べてみるとマッカーサーだけで、アイゼンハワーは百何十番。ハルゼーも、スプルーアンスも、日本海軍を破ったすごい人達はみんな成績は中位で、戦闘で一瞬の勝機を掴むというような才能は、学業成績とは別なのだ。

企業においても、エンジニアは別として、普通の商売であればお客が信用してくれるとか、納得してくれるとか、部下がその気になってくれるとか、なかなか諦めないとか、いろいろな条件がある。だから、ものの言い方が上手だとか、ちょっとニッコリ笑った笑顔が可愛いとか、そういうのもみな仕事上の能力のうちで、学業だけでは判断できないから面接試験をするわけだ。

しかしそこまでやっても、大事な点は未来で、過去の実績がいくらあっても、来年の分に使えるかどうかはまた別だ。いくら支店長として優秀でも、本店の部長にもってきたら全然ダメだったとか、常務取締役にしたらからっきしダメということは常にある。

有名なアメリカの本には「人は無能の段階に達して辞める」と書いてある。いつかは無能と言われるところへ到達するということだ。

そうなると早くお引き取りを願えばいいのだが、本人はここまで来たからまだやれると思っているのだ。だから、これまでの実績と将来は違うということを誰かが決定しなければいけない。「名選手必ずしも名監督ならず」とも言われるが、どんどんやらせてみればいい。やらせてみてダメだったら首を切ればいいわけで、それが労働市場の流動性というものだ。

ただ流動性というのは人の顔や体面を傷つけるから、それを理由として日本の人事は無難に無難に行われる。ほとぼりが冷めてから左遷するなどの温かい配慮があるから、日本は仲間の和は保たれるが、外国は容赦してくれない。こういう問題が一番はっきり表れるのが戦争なのだ。

また、その無難な人事が上にあって下にないのがよくない。上は庇い合いになりやすいから、アメリカでは監査役がしっかりせいという習慣があって、社外監査役制度を作ったりすることで、仲間ではない人を絶えず入れるようにしている。

これもまたぎくしゃくするが、今のところの結果を見ればアメリカのほうが強い。日本のほうが負けているのだから、やはりアメリカ的なシステムが優っているのだろう。

人の顔を潰さない、もう一回チャンスを与えるなど、日本のやり方がいいこともある。そこでしゃかりきにやればいいのだけれど、もういいやなどと日本全体が幸せになってしまい、退職金ももらえるからと頑張らない者だらけで、温情をあだで返す。それが前例になるから下の者もだらけてしまって、私のかつての会社も含めてだらけ放題だ。

第12章

巨大プロジェクトの遺産

三野　「大和」の本当に評価すべき点

当時の日本の巨大技術、「長門」「陸奥」「大和」「武蔵」といった戦艦群は、サイズ、重さから見て巨大なだけではなく動かなくてはならないのだから、まさに「技術の塊」と言える。近代的な戦艦だと、重さ数万トンの物体を少なくとも時速四〇キロで走らせることになるわけだから、これを造るのは国家的事業となる。

ところで実際の建造となった場合、何が一番問題となるのだろうか。まず充分な予算、経験を積んだ技術者、大造船所など、いくつもの条件が必要だが、もっとも重要なのは、生産管理かもしれない。

戦艦と同じく巨大技術と呼べる昭和三年に完成した丹那トンネルなど、計画から着工まで十二年、着工から完成まで十六年もかかっている。しかし、兵器はその開発、製造期間があまりにも永いとそれだけで役に立たなくなる恐れがあるから、これほど時間をかけるわけにはいかない。

したがって重要なのは、個々の部分、たとえば主砲、船体、機関の開発とともに、それを適当に管理する手法がもっとも大切だ。言うまでもなく、数十万点におよぶそれぞれの部品の一つにでも遅れが生ずると、建造計画は進まない。

英語にビークル（Vehicle）という単語がある。辞書を引くと乗り物、運搬器具といった訳語が出てくるが、本来は人を乗せて動くようなもの、たとえば乳母車から列車、ジャンボジェットまで、なんでもひとまとめにした言葉だ。

このビークルにはどれだけの部品が使われているのだろうか。

数え方にもよるが、大ざっぱに言って、

自転車　五〇〇コ、自動車　五万コ、飛行機　五〇万コ、大型船舶　五〇〇万コ

といったところである。船舶について言えば、船体に打ち込まれるリベット（鋲）だけでも数百万本に達し、「大和」は電気溶接を併用しているにもかかわらず、実に六五〇万本も使用したと言われている。

小はこのリベットから、大は十八インチの砲身（一本一八〇トン）まで、所定の時期に納入され、所定の位置に取り付けられなくてはならない。ある部品が遅れれば、その周辺の作業が完全に止まってしまう可能性も出てくる。

このため、生産管理、そして工程管理は何よりも重要だと言える。「大和」の建造に当たっては、この二つがかなり成功した。しかも生産管理、工程管理といったものが現

在と違って、「学問として確立されていなかった」にもかかわらず、うまくいった。

今ならこの分野の専門家がいて、製造のための時間短縮、経費削減などをはじめから考えて進めていくが、当時としては全く新しい考え方を取り入れる必要があったのではないか。つまり巨大技術のための科学的管理法の採用ということだ。

具体的には造船所自体の効率化にはじまり、作業工程の毎日の見直し、実物大模型を使ってのシミュレーション、作業能率曲線の作製など、いくつもの新手法が「大和」[*]の建造期間の短縮に貢献している。現在の時点から振り返ればごく当たり前のことだが、当時の技術者たちはまさに手探りで、これを開発、応用していった。

「大和」の話になると、世界最大の戦艦、あるいは世界最強の十八インチ砲といった話題がまず最初に出てくるが、本当に評価しなくてはならないのは、〈巨大技術を実現させるための生産、工程管理の手法〉かもしれない。そしてこれこそが、戦後の日本を造船王国に押し上げた原動力と言えるのではないだろうか。

＊「大和」の建造期間の短縮に貢献……

「大和」は予定では、起工昭和十二年十一月四日、就役（引き渡し）十七年六月十五日であったが、なんとそれより半年早くの十六年十二月十六日に完成している。「ノース・カロライナ」（三万五〇〇〇トン）、「キング・ジョージ五世」（三万六七〇〇トン）、「大和」（六万八〇〇〇トン）の三隻がそれぞれ建造に要した期間は、いずれもほぼ四年。圧倒的に大きな「大和」も、その半分強の排水量しかない他の二隻も大差はなかった。

日下　「大和」を造る国家目的

大プロジェクトとしての「大和」について経済学的に言うと、ああいうのは長期金利が安い時にやるものだ。そして税金の自然増収がある時に許される。大規模プロジェクトは回収に何十年もかかるという話だから、その間の金利負担が安い必要がある。

大金持ちが、それを遊びでやるのは自分の金だからいい。しかし、国が他人の金を使ってやるとなればそれは税金だから、国家財政にどのくらいの余裕があるか、借金をするのなら低金利で長いお金が集まりますか？　というのがまず第一の問題だ。

第二の問題は、利用数の見込みと売上代金の見込みを併せて考えなければいけない。高速道路や橋なら、たとえば自動車が三万五〇〇〇台通って、それが五〇〇〇円ずつ払ってくれるかどうかという話になる。もしその通りになれば、お金に関してはほぼ解決してしまうわけだ。三〇年もすれば全部返済ができるということなら、世界中が貸してくれる。

ところが、政治家と土木建築屋というのは、政治家は見栄を張り、土木建築屋は工事代金さえ取れば後はさようならと、自分の利益のために動く。そういう造って儲ける人だけが集まって、プロジェクトをやりだすから、利用して代金を払う人は迷惑であるとばかりに話に乗ってこない。

そこで政府は公団、公庫をつくる。そこには無責任なサラリーマン役人が喜んで天下って総裁・副総裁になっている。彼らは、利用が本当に三万五〇〇〇台なくても「俺は知らない」ですぎ、その時料金が五〇〇〇円では客がこなくても「これには国家的意義があった」と強弁すれば、税金は誰かが払ってくれるだろうという考えだ。こういう無責任な人がやりだし、役所と土建屋だけが喜んだ残骸が大プロジェクトの大半の姿である。東海道新幹線は例外的に黒字だから素晴らしい。

本当に役に立つかどうかは、橋やトンネルで言えば本来ならトラック会社とか、自動車のユーザーが決めることである。本当に役に立つなら三万五〇〇〇台通るだろうから、その時それでわかることだ。

だけどそうしないで、学者に予測を聞く。すると学者は嘘の計算をだす。しかし、ゴマスリ学者とゴマスリシンクタンクは、その後責任をとらない。外れた時に頭を剃る学者もシンクタンクもない。また地方新聞が建設を景気よく書き立てて、最後に損をするのは納税者ということになる。そういうことが繰り返されている。

時には三〇年は駄目だが四〇年なら何とか償還できるという予測を作る。それでもまだ駄目だから、五〇年ならいいと先延ばしをするが、五〇年経った時には錆びてボロボロではないのかと指摘すると、「しーっ、黙って」ということになる。そういうことを繰り返している。

こういうことは資本主義社会の本来の姿としては、お金を出す人が自分の責任で考えることであって、国家は考える資格がない。まして地方新聞が、地方の都合や景気づけだけで書き立てる資格などない。地方プロジェクトとしてやるのならいいけれど、全国民のためのものだから地方政治家には発言権などない。彼らは「地方のために絶対必要だ」と言うので、それならと政治が乗り出し、出来上がって赤字になると「これは国家プロジェクトだ」と言い出す。国家の責任においてあくまで面倒みてくれと、こう言う。だったらはじめから国家の命令に従えということだ。

国が安易に乗り出して、北海道へトンネルが必要だと言ったが、「理由は」と聞くと言えない。「有事の際、自衛隊の戦車が北海道と往復しなければいかん」とこう言えば立派なもので、そう答えろとアドバイスするのだが聞かずに、「北海道経済は有望だ。トンネルさえできれば二倍、三倍に発展する」と返事する。

「あなたはその見込みに何を賭けているのか。国民は一兆三〇〇〇億円の税金をふんだくられるのですよ。あなたはそれだけ人からふんだくった以上は、見通しが外れた時には国会議員を辞めるのですか。運輸省の恩給を辞退するのですか」と聞くと、「それは審議会の皆さんがお決めになることです」とこうなる。それだったら私は、反対だと審議会で主張するから「これは記録に書いておけ」と言っても絶対に書かない。次回の配布資料の中に「その他いろいろな意見あり」などとあいまいに書いて終わりだ。

「大和」の時でも同じだったと思う。「大和」を造る国家目的というものが、はたして明確にあったかどうかが問題だ。多分アメリカもやるから、こっちもやるといった程度だろう。

もう少し冷静に考えれば、この手のプロジェクトはイタチごっこだ。日本がやればアメリカもやる。そんなことでは途方もないことになって、結局負けるのは体力のない日本。ここはアメリカを刺激しないように我慢しようとか、あるいは実行するつもりのない計画だけドーンと発表して、一時脅すということを考えるべきだ。三年間だけでも脅かして、三年間の平和を買う。その間は原子爆弾が登場するから「大和」は不要になる。

海軍はただ単に陸軍と張り合っていた。陸海軍同額の予算を勝ち取って喜んでいただけ。鉄則と言われた「陸海軍同額」には、何の根拠があったかと言いたい。ぼやぼやしていると減らされるかもしれないから「大和」「武蔵」の建造を持ち出して、予算を取るのに便利な説明として使う。四国に橋を三本も架け、東京湾に橋を架けると、今度は名古屋にもかけろとか、予算が取れそうなことを言っているのと同じだ。

だから当時の首相、橋本さんは、こういうことはやめると書き上げて法律を通した。そして翌年に建設省は廃止すると六月九日に通したのだが、そうしたら票が減った。たかが参議院の選挙なのだから、「私は衆議院の信頼によって首相をやっているのだ」と言うべきだった。彼は辞任しなくてもよかったと思う。「改革のほうがもっと大事な問題です」とやり通せばよかった。

日下 造船業が世界一になった理由

前代未聞の大きなものを造る話は本人も遣り甲斐があるし、人に話してもわかってもらえるから語り伝えられる。それは私も感動して読む。だから、生産に関する話が一番充実している。

「大和」についても建造に関する話が多いのは、日本の造船業が世界一になったという結果につながっているからだ。生き残って造船会社の社長になって、何十万トンのタンカーを造ったりしている人がたくさんいるから、「大和」に関する話の中は生産面がもっとも充実するのだ。確かに、ブロック建造、工数管理、品質管理とか、いろいろ画期的な進歩があった。

また、戦争が終わった時、日本の双眼鏡は滅茶苦茶に優秀で安いと言って、銀座でも、露天で双眼鏡ばかり売っていた。アメリカ兵が町にあふれて、何か買い物をしようかというと、みんな双眼鏡を買って帰った。

旧海軍とか陸軍で使っていたものを、同じメーカーが改めてたくさん造って、アメリカの兵隊にお土産用に売る。ガタルカナルやニューギニアの戦場で、アメリカ兵が日本軍の双眼鏡を争って拾ったという話があって、アメリカのよりも優秀だった。

それが、キャノン、ニコンで、その後カメラへと続く。私の学生時代、ライカとコンタックスが超高級だったが、それとほとんど同じ性能で値段は格安というのが日本のキャノンだった。それが儲けの元、輸出産業であった。

朝鮮戦争の時に有名な写真家ロバート・キャパが撮った写真があるが、仁川上陸作戦の薄暗いところでニコンで撮ったそれが雑誌『ライフ』に載った。日本製カメラはライカより凄いと話題になった。

ニコン、キャノンは、その後レンズの開発に力を入れた。そしてライカ、コンタックスのレンズは全部日本から送っていくようになる。名前だけ向こうのをつけた。その内に、もうこんなことを自慢している場合ではない、これからは電子カメラだと言って、電子のほうへ移って光学を捨てるところが日本は偉い。「大和」の光学兵器がレーダーに負けたことを覚えていたのかもしれない。

以上は「大和」の光学兵器開発にかけた費用と熱意は、その後の日本産業の発展に大いに寄与したという話である。後輩がたくさんいて成功したら、先輩は持ち上げてもらえる。

他に造る話でおもしろいのは、三菱重工業長崎造船所で造られた二号艦*「武蔵」の半分くらいの工数で「大和」が造られたという事実だ。だから製作費が安い。材料代は支給として、その後の費用の問題だ。

海軍で一生懸命にやったほうが、民間でやったものの半分でできてしまうというところが、今の民営化論争と反対だからおもしろい。民間にやらせたほうが二倍高くかかっている。

民間のほうはこれで一発儲けてやれ、と考えたかもしれない。前代未聞で経験がないから、目一杯安全をみたのかもしれない。あるいは一生懸命にやってもそうなったのかもしれないが、そういうところが興味深い。

＊二号艦「武蔵」の半分くらいの工数で……
同じ図面から建造した二隻の工数の差は、海軍技術大佐西島亮二によるところが大きいとも言われている。彼は、「西島カーブ」と呼ばれる工数管理など独創的な生産管理の手法を生みだした「大和」建造の責任者であった。

戦艦の同一縮尺による比較

一等戦艦：大日本帝国海軍　三笠　　全長　132.6m　排水量　15,140t

戦艦：大日本帝国海軍　長門　全長　224.9m　排水量（満載）45,816 t

戦艦：大日本帝国海軍　大和　全長　263m　排水量（満載）72,808 t

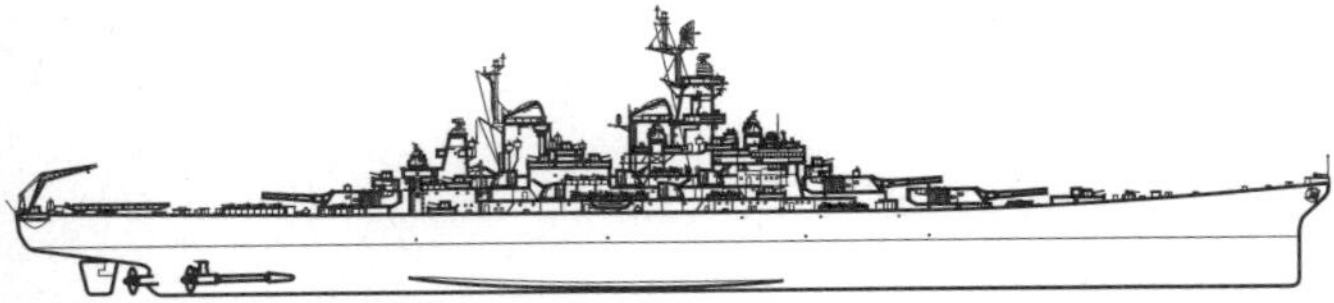

戦艦：アメリカ海軍　アイオワ級　全長　270.4m　排水量（満載）55,710 t

0　50　100　150　200　250m

あとがき

東映アニメの泊《とまり》会長に伺った話だが、『男たちの大和』という映画の製作にあたって、東映と角川春樹事務所は、大和の実物大模型を尾道につくった。

前半分だけだが一八〇メートルもあってさすがに凄い迫力だから、ロケ中から見学者が絶えないらしいが、その主役を募集したときの話である。

物語は一八歳、一九歳の少年志願兵が沖縄突入を承知で集まり、戦って死んだというもので、そのために約百人の少年とさらに主役を一人選んだ。

オーディションには約二〇〇〇人が集まったが、三次、四次と選抜を重ねて絞ってゆくうちに少年達の様子がすこしずつ、変わったそうだ。

茶髪でピアスだった少年が、第五次のときは普通の姿形で現れたので理由を聞くと、「先生に大和ってホントにあったんですか。そして日本は負けたんですか、と聞いたら

『ホントだよ。負けたんだよ。日本は負けてたくさんのものを失ったんだよ』と教えてくれた。しかし、周りを見渡しても何を失ったのかが、サッパリ分からない。日本には何でもある。だけどこの間、ハッとして分かりました。」

審査員一同は身を乗り出して、それは何かと聞くと、

「それは道徳です」

と答えた。

どうやらその一言で、その少年は採用と主役が決まったらしい。道徳を大事にする日本精神は、まだ水面下に生きていたのである。もともとルックスは良かった。

『男たちの大和』は一二月の公開に向けて撮影が進んでいるが、少年たちの演技は日一日と真剣の度を加えているそうである。

「同年代の少年たちがこのように戦って、そしてみんな死んでいったのかと思うと、仇やおろそかにアクションはできません」

と言っているそうである。

精魂込めて大和をつくったことは、ムダではなかった。三千三百人は死んだが、その精神はこのように後世に伝わっていると思うと私は涙が止まらなかった。

この話をあとがきとして「大和の思い出」に加えさせていただく。

二〇〇五年七月

日下公人

本書は、一九九八年一二月に小社より出版された
『「大和」とは何か』を改訂・改題したものです。

日下　公人（くさか　きみんど）

1930年兵庫県生まれ。東京大学経済学部卒業後、日本長期信用銀行入行。同行取締役を経て、現在、東京財団会長、（社）ソフト化経済センター理事長。経済評論・文明史批評など幅広い論筆には定評があり、独特の「日下節」は多くのファンを擁す。
著書に『日本経済新聞の読み方』（ごま書房）、『本からの発想』（文藝春秋）、『「道徳」という土なくして「経済」の花は咲かず』（祥伝社）、『人事破壊』『闘え、本社』『どんどん変わる日本』『21世紀、世界は日本化する』『５年後こくなる』『「質の経済」が始まった』（以上、ＰＨＰ研究所）、『「ゼロ戦」でわかる失敗しない学』、三野氏との共著『組織の興亡　日本海軍の教訓』『プロジェクトゼロ戦』（以上、ワック出版）など多数。

三野　正洋（みの　まさひろ）

1942年千葉県生まれ。現在日本大学生産工学部教養・基礎科学教室専任講師（物理）。戦史、戦略戦術論、兵器の比較研究に独自の領域を拓いて知られる軍事・現代史研究の碩人。著書に、ベストセラー『日本軍の小失敗の研究』のほか、現代戦争史シリーズI『日中戦争』、同II『アフガニスタン戦争』『指揮官の決断』（以上、光人社）、『ベトナム戦争　アメリカはなぜ勝てなかったか』『日本陸軍「失敗の連鎖」の研究』『湾岸戦争　勝者の誤算』『危機管理術』（以上、ワック出版）など多数。

戦艦大和の真実

2005年９月７日　初版発行
2010年12月６日　第２刷

著　者　日下　公人・三野　正洋

発行者　鈴木　隆一

発行所　ワック株式会社

東京都千代田区九段南 3-1-1　久保寺ビル　〒102-0074
電話　03-5226-7622
http://web-wac.co.jp/

印刷製本　図書印刷株式会社

ISBN4-89831-535-6